ふるさと納税

鯖江の眼鏡

を
楽しもう

詳細は鯖江市公式サイトをご覧ください。

MEGANE ◯◯ MUSEUM megane.gr.jp/museum/

眼鏡づくりの博物館に併設された、(一社) 福井県眼鏡協会の公式ショップ
5000本を超えるフレームをご試着いただけます。

〒916-0042 福井県鯖江市新横江2-3-4 めがね会館
TEL 077-842-8311　開館時間 10:00-19:00　定休日 水曜日・年末年始

GLASS GALLERY 291 gg291.com

東京表参道にある、(一社) 福井県眼鏡協会の公式ショップ
産地を代表するブランドがすべてそろいます。

〒107-0062 東京都港区南青山3-18-5 モンテプラザ南青山
TEL 03-6459-2912　営業時間 11:00-20:00　定休日 年末年始

さばえ ◯◯ めがね館 sabaemeganekan.gr.jp
SABAE MEGANE KAN

検眼からフィッティングまで、眼鏡のプロが在籍。
鯖江のフレームが日本最大級にそろいます。

さばえめがね館　東京都
〒100-0011 千代田区内幸町1-7-1 H06
TEL 03-6807-5655　営業時間 11:00-19:00　定休日 年末年始

さばえめがね館　栃木県
〒321-0118 宇都宮市インターパーク4-1-2
TEL 028-656-7750　営業時間 10:00-19:00　水曜日休

上記の店舗の他、(一社) 福井県眼鏡協会加盟メーカー等の直営店で

さばえめがね館　宮城県
〒980-6102 仙台市青葉区中央1-3-1 仙台アエル店
TEL 022-796-3450　営業時間 10:00-20:00　無休

さばえめがね館　京都府
〒604-8042 京都市中京区寺町通四条上ル
(寺町京極商店街) 中之町548-5-1F
TEL 075-251-0291　営業時間 12:00-19:45　無休

さばえめがね館　福岡県
〒810-0001 福岡市中央区天神地下街西5番街
TEL 092-707-0732　営業時間 10:00-19:00　無休

さばえめがね館　長崎県
〒850-0853 長崎市浜町7-1
TEL 095-801-0510　営業時間 10:00-19:00　定休日 元日

さばえめがね館　熊本県
〒860-0805 熊本市中央区桜町3-10
TEL 096-321-6551　営業時間 10:00-21:00　無休

さばえめがね館　宮崎県
〒880-0001 宮崎市橘通西3-10-32 宮崎ナナイロ東館2F
TEL 098-578-4107　営業時間 10:00-20:00
定休日 (宮崎ナナイロに準ずる)

さばえめがね館　鹿児島県
〒892-0827 鹿児島市中町10-4 丸新ビル1F
TEL 099-201-7887　営業時間 10:00-19:00　定休日 元日

鯖江市ふるさと納税 お礼品「めがね引換券」をご使用いただけます。
2021年11月現在：全国42店舗

MEGANE ◯◯ MUSEUM

GLASS GALLERY 291

さばえ ◯◯ めがね館
SABAE MEGANE KAN

鯖江のフラッグシップストアを楽しもう

鯖江の眼鏡

一般社団法人 福井県眼鏡協会公式ガイドブック

眼鏡の町のシンボルとして愛されている看板。JR 北陸線の車窓からも見ることができる。

鯖江
Sabae

300の輝きをもつ産地

　鯖江の魅力はどこにあるのか。たくさんの答えの中から1つ選べと言われたら、300種類の輝きがあることだろう。フレーム、材料、部品、加工、仕上げなど、300を超えるメーカーやファクトリーが鯖江の一帯に集まっている。それぞれ連携しあい、競いあいながら、眼鏡の理想を追求している。こんな眼鏡産地は、世界にもうここだけしか残されていない。もっと言うなら自動車もスイス時計も巨大資本のグループ化が進み、モノづくりをする人たちがつくりたいものを自由につくる環境は失われてしまった。自分らしい眼鏡に出会う楽しさ、本物の職人技に触れる喜びを世界で唯一、この産地は守っている。

　世の中に使い捨てのものがあふれる時代、鯖江の眼鏡は愛着とは何かを問いかける。表層的な輝きと、下地から丁寧に磨きあげた輝き。その差は、購入したての新品時はわからなくても時が経つほど大きな差となって現れる。また鯖江の眼鏡は、快適なかけ心地が長続きするように設計されているだけでなく、万が一、壊れたときは修理しオーバーホールできるようにつくられている。細かな傷を磨きあげたり、部品を交換したり、新品のときの魅力を蘇らせるための工作機械も道具も職人の技も受け継がれている。

　メイドインジャパンの魅力は、目に見えない部分まで手を抜かないスペックの高さにある。鯖江では眼鏡フレームの完成品はもちろん、金属材料や部品加工などの各工程で厳しい品質テストが繰り返される。それが産地のすみずみに根付いていることが鯖江クォリティを支えてきた。メイドインジャパンの中のメイドインジャパン。世界でいちばん素晴らしい眼鏡をつくる産地がここにある。

目次

眼鏡枠

獻上品

増永五左エ門謹製

複製品

昭和8年、福井に行幸された昭和天皇に献上された眼鏡枠。
薄く折りたためる仕様になっており、枠を格納するケースは、極めて薄く削り出された桐でつくられている。

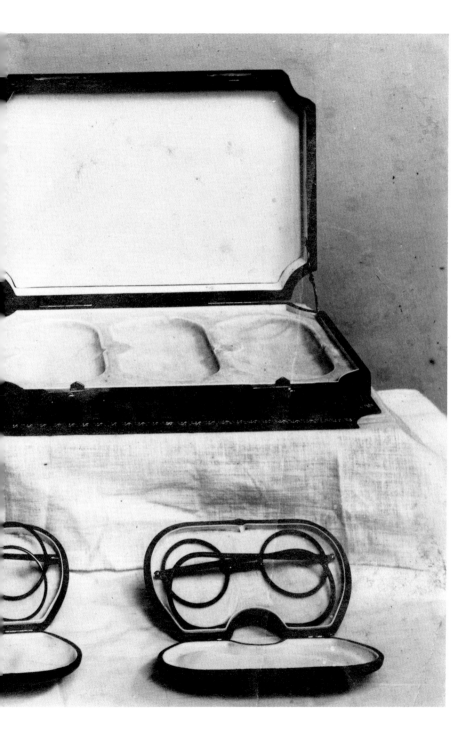

終戦後の昭和22年10月、昭和天皇は、福井に行幸され、
当時、河和田にあった三工舎眼鏡製作所（現三工光学）をご視察になられた。

昭和38年、福井の増永眼鏡を訪れた吉田茂元首相。彼が愛用したのは、フィンチと呼ばれる鼻眼鏡。
テンプルがなく鼻に挟むタイプのものだった。

日本に多くの村落がある中で、
なぜ、この地域が眼鏡づくりの産地として
成長できたのか。偶然ではないはずだ。

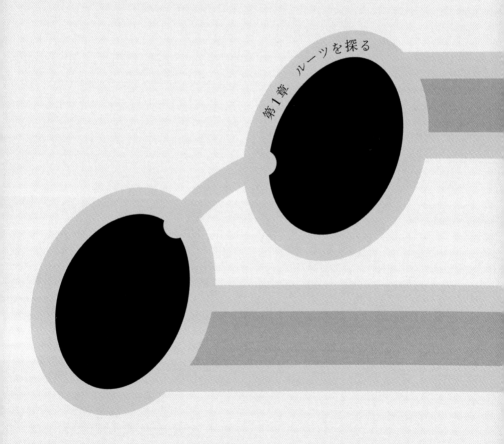

第1章 ルーツを探る

レール

　国境の長いトンネルは福井にもある。米原を出た北陸線の列車は琵琶湖を過ぎると急峻な山間を進む。やがて全長13870mの北陸トンネルを抜けて、鯖江、福井へと向かう。この線路は、明治時代、大阪や東京から腕ききの眼鏡職人を運んできた。また戦後の物資のない時代、産地の人々は眼鏡の枠と往復の食糧をサックに詰めて、満員の列車に揺られて都会を目指した。

　鯖江の駅から真っ直ぐに伸びる線路を眺めていると遠い昔を想像したくなる。明治時代、眼鏡づくりの本場は東京と大阪だった。一説では明治維新で職を失った武士が内職として眼鏡づくりを行ったらしい。明治28年、日清戦争で日本が勝利すると新聞を読む人が急増し、眼鏡の需要が高まったと言われているが定かではない。あるいは日本が

北陸線の敦賀一福井間が開通したのは明治29年だった。

軍事国家へ突き進む中で、兵士用に眼鏡の特需があった
のかもしれない。また明治は人口が急増した時代でもあっ
た。明治5年に3480万人だった人口は明治37年には4613
万人になり、農地は足りず、若い働き手は職を求めていた。
そんな時代背景の中、明治38年、この地に眼鏡の職人が
降り立つ。日露戦争の最中だった。大阪の米田与八、東京
の豊島松太郎という職人を福井に紹介した眼鏡商「明昌
堂」の橋本清三郎は、福井での眼鏡づくりを成功させ、全
国に販売網を拡大しようと考えていた。
　ここで疑問が残る。この時代、大阪や東京から地方へ向
かった眼鏡職人は他にもいたのではないか。冬に雪が積もり
農業ができない土地は全国にある。なぜ、この地域だけ
が世界で有数の眼鏡産地へと成長していったのだろうか。

人望

　福井市と鯖江市の境に文殊山という標高365mの小さな山がある。戦国武将の朝倉氏の時代、頂きには7つの伽藍が立ち並んだが織田信長の兵火により焼失したと言われる。この文殊山の西側の山裾に生野という集落がある。そこの名主であった増永五左衛門という人物なくして、この地の眼鏡産業ははじまらなかった。五左衛門は、眼鏡職人を呼び寄せ、眼鏡の工場を開設。現在は、福井市に属している生野の増永工場で修行を積んだ多くの若者が独立し、眼鏡づくりが福井と鯖江へ広がったのである。

　古い記録を読むと、五左衛門という人物は眼鏡づくりをはじめるにあたり、最初はかなり慎重だったようだ。周辺の村々の若者のために、工場開設に向けて私財を投げ打つ覚悟はできていたが、付近には眼鏡づくりの経験がある者は誰一人としていなかった。しかし、五左

この地域に眼鏡づくりの産業を興した
増永五左衛門。

衛門は決断した。人を集めて、育てよう。最初に向かっ
たのは村の腕ききの大工のところだった。しかし、なか
なか聞き入れてはもらえない。五左衛門は、毎日のように
通い詰め、その熱意に相手も根負けしたと言われている。
その後、村の若い者の中で手先が器用そうなものを集め
眼鏡づくりをはじめる準備が徐々に整っていった。

　明治38年、五左衛門は、大阪から米田与八という職
人を呼び寄せ、増永工場が始動する。工場に集まった
若者たちの熱意は凄まじく、半年も経たずに米田の技術
を習得してしまった。そこで翌年、東京の名工、豊島松
太郎を招聘。腕を磨いていった。

　工場に集まってきた10代の若者に、五左衛門は学問
を学ばせた。節約と貯蓄を勧め、将来、独立した時に
立派に社会人として生きていく術を教えた。眼鏡産業を
自社で独占するのではなく、工場から職人が巣立ってい

創業時の増永工場の様子

くのを許した彼の度量が、地域全体に眼鏡づくりを興し
ていったと言えるだろう。
　熱意の人、信念の人であった五左衛門は、経営者とし
ても先見の明があった。若者を地縁や血縁ごとに束ね
て帳場というグループに分け、技術を競わせた。それ
ぞれの帳場でつくられた眼鏡には「末印」「三印」「五印」
「八印」など、帳場の親方の名前の印が付けられた。こ
れは、職人の責任と誇りを高めるとともに、製品の品質
を管理することにも役立った。素晴らしい眼鏡をつくる
ために、一人ひとりが工程に責任を持つ。現在の分業
体制に連なる、モノづくりの下地は100年以上も前に出
来上がったのである。
　また河和田地区の小坂村では、増永工場の創設と同

昭和30年、福井市今市町に新築された増永眼鏡の工場。近代化が進んでいる。

じ頃に青山彦左衛門によって眼鏡づくりがはじめられた。青山家は、増永五左衛門の母セノの生家であり、青山彦左衛門は五左衛門の従兄弟にあたる。

　青山家に受け継がれる「職工台帳青山工場」には金と銅を溶かして合わせた赤銅の枠や銀バリ、金バリの眼鏡がつくられていたと記載されている。やがて彦左衛門が小坂村の郵便局長になったことで工場は閉鎖されるが、河和田の人たちは、その後も眼鏡づくりの腕を磨き続ける。河和田村誌には、昭和12年当時、製造戸数は7戸、従業員の総数約60名と記されている。その後も河和田の眼鏡づくりは発展を遂げ、プラスチックフレームをつくる手仕事の職人が現在も多く集まっている。河和田はかつて今立郡に属していたが現在は鯖江市の一部となっている。

技の国

　越前漆器、越前和紙、越前打刃物。古くからこの地
域は手仕事が盛んだった。打刃物は、刀鍛冶とは違っ
て、鎌や桑切包丁などの生活に使う道具であった。その
鎌でうるしをかき、漆器が塗られ、和紙の原料となる草
木を刈り、紙が漉かれてきた。この地では日常生活の中
に手仕事があることが自然だった。うるしの木を求めて
全国をまわり、各地の農家に立ち寄って鎌を売り歩くと
いう行商の文化も根付いていた。また、道具として使い
やすさと耐久性を大切にするという姿勢は、鯖江の眼鏡
づくりにも通じている。

　この地域は雪が降る。豪雪となることもある。雪に閉
ざされた時期の屋内での内職として、眼鏡づくりが盛ん
になったと言われている。しかし、それだけでは眼鏡づ
くりが発展した理由にはならない。なぜなら雪に閉ざさ

福井県は、有名なコシヒカリを産んだ米どころでもある。
より良いものを追求することに情熱を傾ける。

　れる村は日本中に無数にある。そもそも鯖江の冬は短い。12月の中旬から雪がちらつき、3月には気温が上がる。雪国のように春が遅いわけではない。冬の短い間も無駄にしないという勤勉さが眼鏡づくりを支えたにちがいない。

　興味深いデータがある。村ごとの米の石高である。眼鏡づくりがはじめられた生野村は358石余、河和田の小坂村は578石余、漆器づくりがはじめられた片山村は76石余、いずれも山裾にあり、田んぼの面積が少なかった。近隣の平地にある川島村は1800石余ある。隣村のような豊かさを得たい。その想いが人々を眼鏡や漆器に向かわせ、全国有数の産地へと成長させていった理由ではないだろうか。

時代は変化しても、自然の営みは変わらない。山にかかる霧は、眼鏡づくりの歴史のすべてを包んできた。

霧の中で

　早朝、鯖江の山々は深い霧に包まれる。湿気の多い
気候は眼鏡づくりにとって大敵であり、味方でもあった。
　金属でつくられる製品にとって湿気はサビの原因とな
る。眼鏡の枠をいかにしてサビさせないか。産地は、工
夫を凝らし、技術革新を重ねてきた。その1つが金属素
材の開発である。真鍮から、金と銅を溶かした赤銅へ、
銅と亜鉛とニッケルの合金の洋白を使って枠をつくっ
た。さらに歯科の詰め物に採用されていた金属アレル
ギーの少ないサンプラチナという合金を眼鏡用に開発。
その後、今日の主流となるチタン枠への開発へとつな
がっていった。世界のどの産地も扱ったことがない金属
を開発し、製造技術を編みだしていくなかで鯖江は世

界的な産地に成長した。素材が進化すれば、当然、メッキ仕上げの技術も進化しなければならない。こうして素材と表面仕上げの二人三脚によって、サビに強く、高級感のある美しい色艶をもった金属フレームが生み出されていった。

　一方、プラスチック素材のセルロイドを使ったフレームづくりでは、湿気が役に立った。セルロイドは、可燃性が高く、削っている時の熱で溶け出して発火しやすかったからである。実際に工場が火事になることもあった。

　高温多湿という厳しい気候条件と、品質を寡黙に追求する職人気質によって鍛えあげられることで鯖江のフレームは美しさと強さを手に入れたのだった。

三六連隊

　戦争中、物資は配給制になり、モノづくりの原料と
なる米や金属などの使用が禁止された。原料が手に入
らないのだから、各地の産業は中断し、技術が途絶え
てしまったところもあった。しかし、「眼鏡をつくること
は、まかりならん」とはならなかった。細々ではあるが、
兵士のための眼鏡をつくる材料が鯖江に支給されたとい
う記録が残っている。また金属加工やロウ付けなど眼
鏡づくりの精密な手仕事を見込まれて、多くの眼鏡工場
では無線などの機器がつくられたと産地の長老たちは
教えてくれた。工場が稼働し続けたことで、技術も、人
も守られた。

図真隊聯六十三第兵歩

創設当時

連隊があったのは福井鉄道の神明駅のすぐ近く。煉瓦の門など、今も面影を残している。

　当時、鯖江の中心地には、眼鏡の工場や部品会社
は数軒しかなく、山間部の河和田など各地に点在して
いた。中心地には、鯖江歩兵三十六連隊の兵舎があっ
た。その敷地は兵舎16万㎡、練兵場140万㎡という広
大なものであった。その土地は、戦後、民間に払い下
げられ、眼鏡の工場や販売会社が中心地に集まりはじ
めた。三六連隊の名残は福井鉄道神明駅近くに三六町
という町名として今も生きている。かつての兵舎の町は、
眼鏡の町へ移り変わっていった。工場が集まる敷地が
手に入ったことは、産地の協力体制を深め、その後の
分業体制や近代化に大きく関わっている。

GLASSES OF SABAE　　第1章　ルーツを探る　　25

機械の発明家

　眼鏡の材料が採れるわけではなく、消費地から離れた鯖江が眼鏡の産地として成長したのは技術革新への情熱に他ならない。記録を読むと、姫路のセルロイド工場の門の前でキセル職人を待ち伏せして説得し、産地に呼び寄せたり、レンズ職人を連れて帰ったり、眼鏡に関わるすべての技術を鯖江に集めていったのである。

　また鯖江の眼鏡づくりは、工作機械の開発の歴史でもある。1960年代、海外の工場を積極的に視察し、そこで学んだ知識をもとに自ら工作機械を開発していったのである。プラスチックの部品に金属の芯を打ち抜く芯入れ機、プラスチック枠の蝶番を自動で製造する機械

部品を機械にセットするための治具などは、工場ごとに違う。経験の賜物であり、各社が凌ぎを削る。

蝶番加工機など、手仕事よりも格段に速く、正確な機械の導入は、産地全体の眼鏡の品質を向上させていった。

またネジ、蝶番、テンプルなど、部品ごとに専門のメーカーが誕生し、互いに技術を競いあったことも技術革新を加速させた。鯖江の部品メーカーの最大の特徴は、自ら積極的に機械を開発し、改良し、製造工程を進化させ続けながら、より良いものを提案してきたことにある。鯖江では高品質であることはもちろん、性能テストのエビデンスがなければ誰も見向きもしてくれない。鯖江の眼鏡づくりは分業体制によって磨きあげられてきた。

陛下の眼鏡

　1933年（昭和8年）、昭和天皇が福井に行幸された折に福井の増永五左衛門が眼鏡を献上したときの記録が残っている。献上品を製造する職人は、毎朝、禊をして白装束に着替えて作業を行い、その現場は増永五左衛門ですら立ちいることのできないほど神聖を極めたという。

　この産地に眼鏡づくりを興して20数年、東京や大阪の眼鏡の名工に追いつけ追い越せと精進を重ねる中で献上品を製造する想いはどのようなものであったろう。その意気込みは細部に宿っていた。リムと呼ばれるレンズを入れる枠の厚みは、20金の上にセルを巻いた状態でも0.75mm。現代の機械で製造するメタルフレームの厚みが約1.2mmであることを考えれば、その技術の凄みがわかる。さらにテンプルは、18金の極細の線を編

増永眼鏡が2009年に製作した献上品の復刻版

むことでしなやかさを実現する縄手の技術が用いられている。また蝶番とテンプルをつなぐ2本のネジは、片方は上から、もう片方は下から差し込むように設計されていた。おそらく、陛下が眼鏡をお使いになるうちに、テンプルの開閉によって2本のネジの閉まり具合に違いが出ることを避けるためではないかと考えられているが、当時の職人がなぜその構造を選択したのかは解き明かされていない。

　大工や農業を営んでいた若者たちが、日夜、眼鏡づくりの腕を磨き続け、昭和初期にはすでに現代の職人が見ても驚くほどの芸術品を完成させていた。その先人たちの精進の結晶がこの産地をつくりあげた。

眼鏡の部品は、工程ごとに工場から工場へと運ばれ、少しずつ完成品に近づいていく。
静かな風景の中、部品を運ぶ車に出会うことも多い。

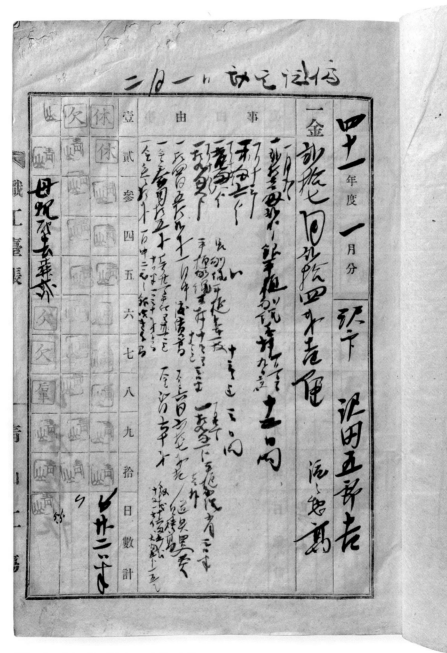

明治41年に青山工場で使われていた職工台帳。
職人の名前や雇用条件が記載され、出勤の印が押されている。

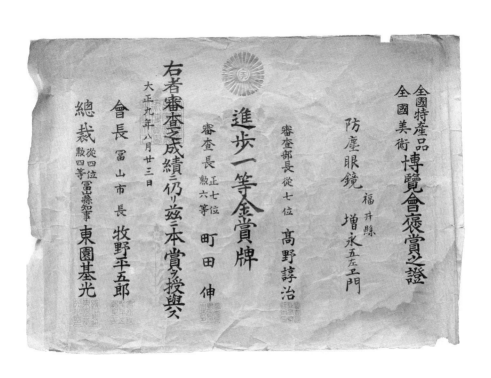

全國特產品
全國美術 博覽會褒賞之證

防塵眼鏡 福井縣 増永五左エ門

審査部長 從七位 髙野諄治

審査長 勲六等 正七位 町田 伸

進歩一等金賞牌

右者審査之成績ニ仍リ玆ニ本賞ヲ授與ス

大正九年八月廿三日

會長 冨山市長 牧野平五郎

總裁 從四位 勲四等冨縣縣知事 東園基光

産地の祖である増永五左衛門は、眼鏡を全国の博覧会に出品した。
明治44年全国共産品博覧会で初の金杯の栄誉に輝き、その後も、
大正、昭和を通じて数多くの博覧会で受賞。海外のアワードも獲得している。

70歳、80歳になっても眼鏡の話になると目を輝かせる。
産地の重鎮の方々に古い記憶をたどってもらった。

第2章　歴史を語る

世界に誇る産地として

増永眼鏡　増永悟

　全国にモノづくりの産地と呼ばれる場所はたくさんあります。京都の西陣、新潟の燕、愛媛の今治など、それぞれ生い立ちが違います。眼鏡の場合は私どもの初代が「地域の発展のために産業を興したい」という思いから始まったものです。福井の人間というのは、雪の中で叩かれているので粘り強いというか、家にこもってコツコツやることに長けていたので、そのあたりが産地として強くなっていった理由だと思います。

　当時、眼鏡の一流品は東京、次が大阪。福井の人たちは自分がつくった眼鏡に、ここがダメ、あそこもダメという具合に付箋をつけてもらって、それを持ち帰って直すことを繰り返したと聞いています。その積み重ねで技術を磨いていったのです。

　イタリアやフランスなどの眼鏡産地は、教会の司祭が手に持つ祭具の飾りをつくっていた職人が、眼鏡づくりに移っていきました。ドイツの産地は、大型の金型や工作機械をつくる技術を活かし、産地として発展しました。だから第二次世界大戦中、ドイツの眼鏡産地は徹底的に攻撃され、甚大な被害を受けたのです。福井の眼鏡工場も軍用に指定されましたが、眼鏡づくりに使う金型は小さく簡単なもので、戦闘機を作る金型と

は大きさも精度も違っていたと思います。福井の産地が、現在のような世界トップクラスの金型の技術を持つようになったのは1980年代以降、チタンによる眼鏡製造が始まってからです。金型でピシッと形状を押さえてから接合しないとチタンは接合できません。金型技術の進化が産地の競争力を高めました。

　眼鏡の産業は、もともとアメリカが盛んだったのですが徐々に自国で生産をしなくなり、ドイツが輸出を伸ばしていきました。アメリカは輸入規制をかけ、なかでも可燃性の高いセルロイド素材のフレームの輸入を禁止したのです。このときにヨーロッパの会社はアセテートという燃えないプラスチック素材を開発し、一気に市場を獲得していきました。当時のドイツは、金属加工の技術においても先進国でした。眼鏡づくりの技術において日本が世界をリードするようになった一因は、1970年代の金の暴騰にあると思います。その頃、高級品として金張り眼鏡というものがありました。金属フレームの上に20ミクロンの金を巻いて製作するのですが、張った後から削りや磨きをすれば金が剥がれてしまいます。なので、きわめて精密なつくりが要求され、その分野ではドイツが圧倒的に優れていまし

た。しかし、金の暴騰により、金張り眼鏡はとんでもない価格になり、金メッキの技術が開発されていくわけです。そのとき、ヨーロッパは洋白という素材にメッキを付けていたのですが、日本ではサビに強いサンプラチナという素材が主流になっていました。ヨーロッパのような乾燥した国々ではサビの心配は少ないのですが、アジアをはじめとした多湿の国々では、日本製のサンプラチナに金メッキをしたフレームはサビに強いということで高く評価されたのです。またサンプラチナという素材は洋白にくらべ、硬度が高く、金型が摩耗しやすいのが難点でした。洋白であれば、1つの金型から何万本も作ることができても、サンプラチナは1000本作ったら金型を変えなければいけない。ヨーロッパの産地の人たちは不効率だと考え、なかなか手を出さなかった。それを福井の産地は、金型を細かく変えて、丁寧なモノづくりを磨き、そこで培った技術がサンプラチナよりもさらに硬いチタンの眼鏡づくりをはじめる原動力になったのです。いつの時代も、自分たちの基準だけで物事を考えてはいけない、常に市場が何を望んでいるかを考えることが重要です。

　日本のMASUNAGAというブランドを世界的に認知していただけるよ

うになるまでは苦労しました。海外の展示会に出展しても誰も足を運んでくれない。エレベーターの前で立っている人にMASUNAGAを見にきてくれと声をかけても返事だけで来てくれません。アメリカやヨーロッパに行き「うちの商品は品質が高いです」と売り込んだのですが、他の産地の人たちが「うちの商品は悪いです」と言うわけがないので、なかなか相手にしてもらえませんでした。ところが、眼鏡を販売して1〜2年後、「同じものが欲しい」とおっしゃる海外のお客様がぽつりぽつりと増え、その小さな積み重ねによってMASUNAGAブランドは世界に認められていったのです。若い世代に伝えたいのは、メイドインジャパンは壊れず高品質であるという神話は、最初からあったものでないということです。世界のマーケットで厳しく叩かれ、それを糧にして技術を磨いた結果です。それはデザインにおいても同じです。MASUNAGAや大土呂の青山眼鏡は国際的なデザインアワードでグランプリを獲得するまでには、とてつもない研鑽を重ねてきました。世界でいちばんの眼鏡産地であり続けるためにも、たくさんの会社が国際的なデザインアワードに挑んで欲しいと思います。それが産地全体の競争力を高めていくことにつながると信じています。

品質を追いかけて

三工光学　三輪要一郎

　眼鏡工場で働いた若者の多くは、農家の次男坊や三男坊でした。谷間の奥にある河和田や服間などの集落は耕作面積が少なく、農地を次男坊、三男坊に分け与えるとなくなってしまいます。そこで代替えの仕事が必要になったわけですが、眼鏡産業には利点がありました。福井の伝統産業である漆器づくりは、作業用に広い場所が必要ですが、眼鏡ですと作業台の机と小さな部屋があれば、夫婦差し向かいで仕事ができます。作業小屋と技術があれば仕事ができるということで地域に広まっていきました。その後、連隊の空地ができ、みんながそこに集まってきて、神明のあたりが産地の中心になったのです。

　神明付近には昔から眼鏡の材料屋さんがありました。私が若い頃、三工光学は、三工舎眼鏡製作所という名前で河和田地区にあり自転車に乗って遠く離れた吉谷部落まで材料を買いに行った憶えがあります。雪が積もった日は、工場を朝出て、晩までに材料を積んで帰ってこられるかどうか。今の人は想像できないと思いますが、屋根雪を降ろし高くなった道の上を材料を積んだソリを引っ張りました。セルロイドの板は、畳ぐらい

の大きさがあり、厚さが4mm、6mm、8mmとあって、平らには積めませんから丸めて自転車に積みました。材料屋の職人さんが荷台に積んでくれるのですが、途中で倒れたら自分では起こせない……ほんとに大変でした。

　子供時代、父と母の眼鏡づくりをよく手伝っていました。金属を溶解して線や板に加工したり、全部を自分のところで作っていました。金属を溶かすときのフイゴの燃料は木炭でした。木炭は水につけて枠を磨くときにも使いました。木炭で磨くと荒傷がとれるんです。当時は、金など高級な材料も使いましたし、削ったヤスリ屑は、全部丸いダゴ鉢にたまるように作業していました。そのダゴ鉢から磁石でヤスリの鉄分をとって残った金属を集めるのは子供の仕事でした。それを1日やると親が褒めてくれ、森永ミルクキャラメルを1箱もらえました。お菓子のおまけがうれしくて手伝っていました、私が生まれたのが昭和4年で、まだ学校に入学する前ですから昭和10年ごろの話です。

　親父が創業した時は、眼鏡づくりに使う工業用の電力は家まできていませんでした。集落の精米所だけが動力を取れたので、精米所の端っこ

から電源をとらせてもらい、そこへバフと研磨剤を持っていき、親父がいつも磨いていました。親父が磨いたものを私が家に持って帰り、母親に渡し、母親は次の加工をするというような形で眼鏡づくりが始まりました。

　昭和22年の10月24日に昭和天皇が来訪されました。うちは道が細くて、車が入らないので陛下が歩かれる距離が長く、お出迎えの人が多かったのを憶えています。またでこぼこだった砂利道に細かな砂利が敷き詰められました。陛下は下をむいて歩かれないので転ばれないよう工場の中をバリアフリーにするのも大変でした。私は、陛下が車を降りられる瞬間を写真に収めた後、裏道を回って会社に戻り、眼鏡づくりの作業も見ていただきました。

　河和田から鯖江の中心に拠点を移したのは、河和田では人手が集まらなかったことも理由でした。九州各地の高校や紹介所を回って、集団就職してもらったこともあります。中国や韓国に工場を出したことはありませんが、向こうに進出した日本の会社から工場の指南を頼まれて行きました。

鯖江市長のメッセージを携え中国へ行き、レッサーパンダをもらってきたこ
ともあります。鯖江の西山公園にレッサーパンダが飼われているのはそうい
う経緯です。

　眼鏡用のサンプラチナ素材は、親父が関西の三金工業という会社に開発
をお願いしてつくったものです。三金の専務さんが半年ほど家に住みこ
んで親父と一緒に開発しました。親父はサンプラチナの開発には情熱を
注ぎましたが、材料を扱うつもりはなかったようです。

　産地に品質検査の体制が確立した理由の1つに、ニコンなど大手光学
メーカーの存在があります。ニコンは鯖江でフレームを作るにあたり、部品
の100%検査を実施しました。その合格基準はとても厳しく、それにより
部品メーカーの生産技術が鍛えられ、高品質で均一なものを供給する意
識が産地に根付きました。鯖江が発展していく歴史の中を生きてきた私に
とって、鯖江の将来は、品質の高いものを作り、たくさん買っていただくと
いうストーリーしかないと思っています。

眼鏡づくりは、裏表がないから面白い

水島眼鏡　水嶌茂雄

　産地の歴史とか、昔の話といえば、やはり戦争のことが真っ先に思い
浮かびます。戦争中は軍需産業をさせられました。何の技術だったかとい
うと電信機、通信機、電源のスイッチです。部品の工場を建てる計画で
山の木を切り出したところで終戦になりました。当時、新日本電気が機械
を疎開させたいというので、この辺の機屋に機械が疎開してきました。お
寺のお堂には飛行機のガソリンタンクも隠されました。あの時分、疎開し
てきたのは、モーター直結の最新の機械。ものすごくこじんまりとして洗練
されていたので子供の頃にはとても新鮮に見えました。戦争が終わって
大型の精密機械はアメリカが全部引き上げましたが、他の機械は行き場
がない。アメリカに取られるくらいなら欲しいやつは持っていけということ
になり、当時、最新の工作機械(旋盤、フライス)やそれに伴う工具を使っ
て眼鏡をつくったのを憶えています。それらの機械があったおかげで、う
ちらは早くから自分で金型をつくることができました。今も金型を自分のと
ころでつくっています。ほとんど一貫生産でやってきました。

戦争が終わるとインフレです。モノがない時代。眼鏡に限らず、モノを
つくれば何でも売れました。しかし、眼鏡をつくる材料を買うのも大変で
した。なんとか材料を手に入れ、できあがった枠を東京に売りにいきまし
た。お米も持っていましたが、統制されていたので途中で見つかったら
全部没収です。汽車で12~13時間かかりました。売れたお金をリュック
に入れて持って帰ってくると、それでは材料が買えないほど高騰していた
こともありました。お金が役に立たない時代でした。でも、工場の人に給
金を払うにはお金がいる。ほんとに困りました。あの時代の苦しさは経験
した人にしかわからないと思います。勿体無いという発想がしみついてい
ます。今でも機械が壊れても、全部はなげない。何が起きるかわからな
いと思っています。昔の機械は、改良を加えながら使うことができました。
今の機械は直せないというのは本当に困ります。
　金無垢の眼鏡に特化したのは香港返還前の1998年ぐらい。失敗の
連続だったのはチタンの開発です。サンプラチナを扱う金属メーカーが眼

鏡をチタンで作れませんかと持ってきました。産地でチタンの開発を手がけたのは、うちが最初ではないかと思っています。設備も何もない頃、あのチタンという代物は削るのも穴を開けるのも磨くのも大変でした。うちには、大手の鉄鋼メーカーが一般商品開発のため出入りしていました。当時、チタンに表面仕上げをするのは難しく、そこで産業用の眼鏡の製造を思いつきました。溶接する人の眼鏡。あれなら実用性だけでいい。それまでのものは重いから軽くすれば喜ばれると考えました。でも、やはり難しく、みんな失敗しました。

　眼鏡のデザインを海外に真似されて困るという人がいます。でも、日本もヨーロッパのデザインをモノマネをした時代がありました。産地の名誉のために言えばデザインを盗んだわけではない。昔、ヨーロッパ製の枠は52〜58mmの大きなものがほとんど。それに比べて日本で製造されていたレンズの径は60mm程度のものしかなく、レンズの中心を正しい位置に合わせることができなかったのです。舶来のデザインを活かしつつ、日本の

レンズに合った小さなものに変更してほしいという注文が増えました。真似ようとしたのではなく、お客様の要望に応えようとした結果なのです。

　オーダーメイドの眼鏡も数多く手がけてきました。顔が大きなお相撲さん用の眼鏡、ヤクザの人が刺青を隠す眼鏡、まぶたが下がってしまう病気の方がかけられる眼鏡、ファッション業界からパリコレ用の眼鏡を頼まれたこともあります。1枚のために金型からつくるなんて、そんなことやってられないと他の人は思うかもしれません。でも、モノをつくる人間は、こういうものをつくってくれと言われたら断ったらあかん。そう思います。

　産地として危惧するのは材料をつくるメーカーがなくなっていること。それが一番怖い。ヨーロッパの高級ブランドが現存しているのは材料を確保し、材料を育てる伝統があるからです。だから未だにいいモノがつくれている。そういうことも考えながら、優れたモノをつくり、安売りはしないという覚悟を持って各社が特徴を出していけば、産地はこれからも生き残っていけると思います。

明治時代

明治から大正にかけてメタルフレームの材料は赤銅が中心だった。
デザインは、鼻パッドのない一山と呼ばれるものが多く見られる。

大正時代　1

大正時代　2

第3章　鯖江の設計思想

眼鏡は、レンズを入れ、かけ心地を調整されて初めて完成品になる。
最高のかけ心地を仕上げるのは眼鏡店の技術。
お店の人が自在に調整しやすいフレームを設計する。

眼鏡は
フィッティングで完成する

　眼鏡の設計思想は、デザインとは違って目には見えない。しかし、眼鏡づくりでもっとも大切なのは設計である。どんな眼鏡を最良と考えるかによって材料も構造も部品も工程数も大きく変わる。鯖江の眼鏡の魅力を知ろうと思ったら、試着してかけてみるのがいちばん早い。軽い、ずれない、スッと顔に馴染む。本能的な快感に近いかもしれない。しかし、鯖江の眼鏡のほんとうの凄みはここからである。

　イタリアのスーツ職人は、既成のジャケットに何箇所もピンを打ち、顧客の体に合わせてシワが1つもないよう仕立て直す。それがイタリアの常識であり、職人が調整しやすいようにスーツが作られる。鯖江の眼鏡も同じである。フレーム本体の軽さや快適さを追求しながら、フィッティングしやすい設計を大切にしている。

　フィッティングでは、テンプルを曲げ、鼻パッドの金具をひねることもある。そんな時、思い通りに曲がらなかったり、繊細すぎて壊れそうだからと調整をためらうようなフレームであってはならない。そのために鯖江の眼鏡は、材料のしなやかさや部品の耐久性を追求し、繰り返し曲げても割れない表面仕上げが施されている。

　調整の技術と経験をもった人の手によって、鯖江の眼鏡は世界でたった一枚の軽やかな名品として完成する。

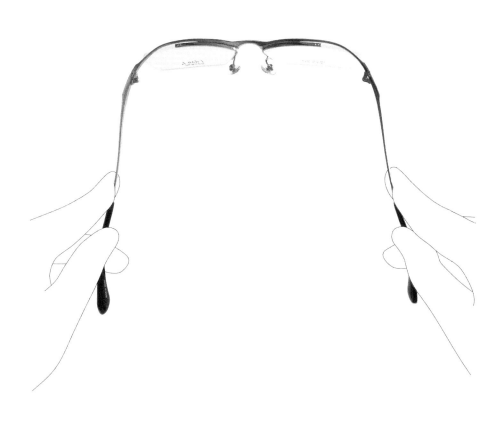

ずり落ちない、しかけ

　眼鏡をかけていて、ずり落ちてくるのは自分の顔のせいだと勘違いされている人に伝えたい。小顔であったり鼻が低かったり、かけやすさに多少の影響があるかもしれないが、いちばん重要なのはレンズを入れたときの重心である。

　てこの原理のような話で、レンズが入ったフロント部分は当然のことながら重たい。下にずり落ちようとする。そのときに耳の後ろ側の方に重心の位置をずらしてあげれば、前後の力が釣り合って眼鏡のずれが軽減できる。鯖江のフレームはテンプルの一番後ろの部分を膨らませてあったり、おもりが付けられているものも多い。この小さな心遣いが、重量バランスを調整しやすくさせ、重心がピシッと整った心地よさを生み出すのである。

プラスチック（T190）

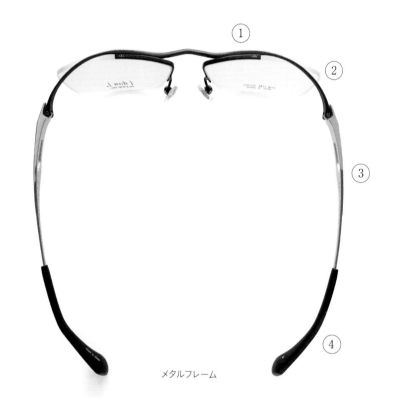

メタルフレーム

そこに技と愛がある

①レンズに圧力がかからない構造:
  わずかなリムでレンズを保持。光学的な歪みを最大限まで防ぐ。

②金属材料とパーツの革新:
  ゴムのようにしなやかなチタン「ゴムメタル」を材料に設計とパーツを革新。
  常識を覆したデザインと画期的な装着感を実現した。

③骨格に触れないカーブ形状:
  曲げる加工がしやすい純チタンを使用。骨格との接点を極力減らしている。

④重量と摩擦のバランス:
  肌に触れる摩擦面で保持力を高め、
  かつフレーム前側とつりあう重量をもたせている。

プラスチックフレーム

①テンプルの中央部分がわずかに薄く削られている。

　側頭部に触れる感触を和らげ、同時にテンプルのしなりを出している。

②耳の後ろの部分は肌に触れる面積を増やし摩擦力でホールド。

　締めつけなくても快適なかけ心地を実現。

③テンプル長をわずかに長めにすることでかけ心地の微調整がしやすい。

　一人ひとりに最適なかけ心地を提供する工夫。

目を守るために、壊れる

　眼鏡は、壊れなければいけない瞬間がある。大きな衝撃を受けたとき、フレームが頑丈すぎると、目や顔に突き刺さってしまう可能性があるからである。建物の免震設計のように、衝撃に対してしなやかに曲がって力を最大限に分散させる設計や材質が求められる。さらに強い衝撃がかかった場合は、部品が曲がることで力を逃がし、人がケガをしないようにつくられている。ガチンガチンに頑丈につくるだけなら簡単である。細かな配慮もいらない。鯖江のメタルフレームもプラスチックフレームも弾力を生み出すしかけがつまっている。この部品はどうしてこんな形状なのだろう。その答えの多くは、かけ心地と安全性にある。

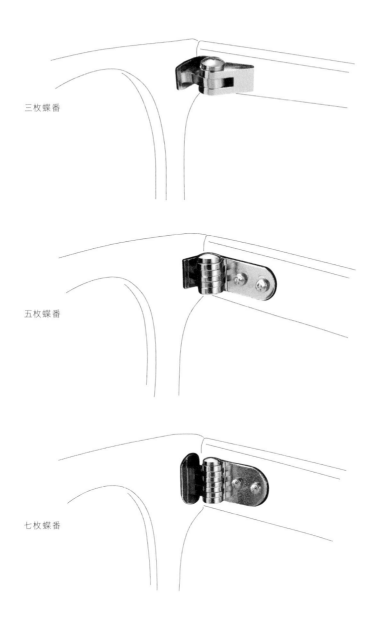

三枚蝶番

五枚蝶番

七枚蝶番

テンプルの太さに合わせて、蝶番の枚数を変えている。
例えば、太いテンプルを三枚蝶番で支えると、一枚が厚くなり、強度が強すぎてしまう。
七枚にすれば、一枚の厚みは薄くなり、衝撃がかかったときの緩衝材の役割を果たす。

治せる、磨ける

　鯖江の眼鏡は、長く使い続けていくことで価値が高まる。長く使用しても壊れにくいよう、輝きを失わないよう、目立たないところまで丁寧な仕事がされている。万が一、壊れても部品の交換や修理によって元通りの快適さが取り戻せるように考えられている。産地には、リペア専門の会社もあり、たくさんの部品がストックされ、フレームの磨き直しや再メッキにも対応してくれる。愛着を持って使い続けてきた自分の分身が、新品のような輝きで帰ってくることほど嬉しいものはない。（修理や磨き直しができるかどうかは専門の職人が確かめないとわからない場合がある。）

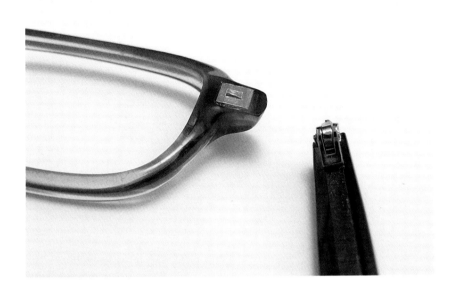

ケンタッキーフライドチキンの日本国内の店舗で
お客様をお迎えするカーネル立像。
彼がかけている老眼鏡は長い間鯖江で製造されていた。

カーネル立像の眼鏡には、本物の老眼鏡用レンズが入っていた。
何度かモデルチェンジが行われた。

第4章 メタルフレーム

すべては、金属の線からつくられる。

チタンの声を聴く

　世界の眼鏡産地に比べて、鯖江が技術的な優位に立ったのはチタンの精密加工である。チタンは軽さと強度のバランス、海中でもサビない耐食性、アレルギーを起こさない生体適合性を備え、夢の金属と言われてきた。だが、精密加工には高い壁が待ち受ける。航空機やロケットに使用するのであれば機能性は重要だが、表面の仕上げはあまり重視されない。しかし、眼鏡の場合は、耐久性や耐食性はもちろん、金属表面の肌を滑らかに美しく仕上げなければならない。また眼鏡づくりでは、プレス、切削、接合など金属にとっては過酷な工程が続く。その品質基準の厳しさから大手の鉄鋼会社は眼鏡用の材料加工から撤退。現在は原材料のみを提供する。

　ほとんどの人は知らないが、鯖江では、チタンの太い線からフレームも部品もつくってしまう。その出発点が圧延と呼ばれる太い母材を均一の線に引き延ばす工程。機関車の動輪のような機械で何百トンもの圧力を加え、時間をかけてゆっくりと延ばしていく。この作業を繰り返し、80％ほど細くなったら、600〜700℃の熱処理を行い、チタンの疲れを休め、再び、圧延を続けていく。

　チタンは、成分がわずか1％でも変われば性質が変わる。チタンやチタン合金の種類、求められる線の太さや弾力に合わせて、機械のセッティングをきめ細かく調整しなければならない。それでも人間がそばにいて、チタンの声を聴いて、手をかけてあげないと上手くいかないという。

丸線と、異形線

　チタンフレームの材料には、丸線と異形線、板がある。板は主にフロントに使用される。丸線は、眼鏡のテンプル（耳にかける細長い棒状の部分）やブリッジ（フレーム正面の2つの枠をつなぐ部分）の材料に用いられる。異形線は線の形状を加工したもの。レンズを入れるために溝を掘ったものをリム線とも呼ぶ。また蝶番は異形線を金太郎飴のように切断してつくられる。

　異形線の開発は鯖江の眼鏡に革新的な精度をもたらした。リム線の幅は2mm、厚みは1mm。極細なものは厚みが0.8mmしかない。そこに0.4mm程度の深さでV字の溝（薬研の溝）を圧延。しかもレンズが溝からハズレないよう、V字の傾斜角度を前後で微妙に変えたものもある。

　機械油の種類、ドリルの回転数や刃などを吟味しながら加工され、チタンは部品としての命を与えられていく。たかが眼鏡にこれほどまでのスペックが必要なのかと思うかも知れない。しかし、鯖江でオリジナルの眼鏡フレームを製造してみたいというデザイナーやブランドにとって、これほどの魅力はない。加工技術の限界値が高ければ高いほど、デザインは自由になる。

　鯖江のチタン加工技術は、眼鏡づくりを超えて、医療や微細な電子機器などの分野でも高い評価を得ている。それでも産地の人は眼鏡づくりにこだわり続ける。研究開発の永遠のフィールドであるというだけでなく、眼鏡づくりの町で生まれ育った誇りが技術を追求させる。

圧延の工程。左から右へ、線が細く引き延ばされていることがよくわかる。

異形ロールによるリム加工の工程。丸線を精度よく、レンズを保持する形に成型していく。

チタンは
冷たいうちに打て

　海外の眼鏡産地では、チタンに熱を加えて柔らかくして1回のプレスで成型してしまうのに対して、鯖江では常温のまま、何回にも分けてプレスして部品を完成形へ近づけていく。工程の数だけ金型の数が必要になり、機械を調整しなければならない。時間や手間がかかっても鯖江の眼鏡づくりは、冷間鍛造と呼ばれる方法にこだわり続けてきた。
　チタンは、酸素に反応しやすく、熱を加えて鍛造するとサビやすくなる。また熱が冷えていく工程でチタンが収縮し、部品の精度にバラつきが出てしまう。使い捨ての眼鏡であれば、表面的な形状ができあがればOKかもしれない。ましてや新品の状態では、冷間と熱間のどちらでつくられているかを見抜くのはプロでも難しい。しかし、3年、5年と使い続けていくうちに輝きや強度に歴然とした差が現れる。かける人のために見えない部分まで品質主義を徹底すること。長く使い続けていただくほど、価値を感じられる眼鏡をつくること。それは、この産地に100年を超えて受け継がれてきた文化である。

プレス工程。眼鏡のデザインに合わせて金型がつくられ、プレスのセッティングが調整される。

プレス工程ごとに、凸と凹の金型が必要になる。金型は眼鏡フレームづくりの基礎となるもの。高度な分業体制が産地を支える。

部品は1個ずつプレスされる。気の遠くなるような作業である。
プレスの度に、職人は目で仕上がりをチェックしている。

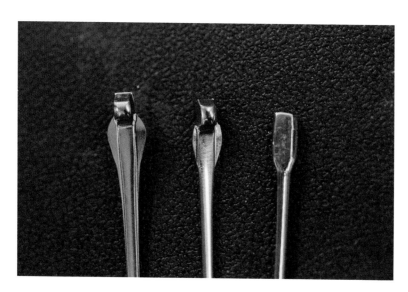

テンプルと、前枠をつなぐブローチが一体となった一個智と呼ばれる技法。
右から順番にプレス工程がくり返され、金属のバリと呼ばれる部分が最後にカットされる。

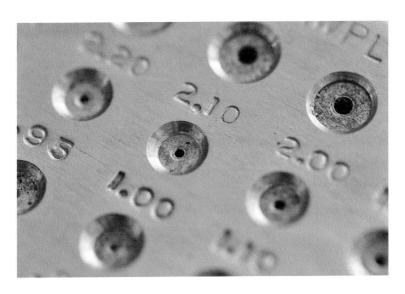

金属の線を穴に通して引っ張ることで精度を出す。
最近はさらに機械化されているが、製芯の原理は同じ。

0.03mm の曲げ仕事

　鯖江の工場を訪れると、眼鏡は精密機器だと感じることがある。エンジニアはごく当たり前のように百分の数ミリ単位で精度を追求し、治具のセッティングを根気強く続ける。リム線と呼ばれる、溝が掘られた金属の線をクルクルっと曲げて、レンズを入れる丸い枠をつくる工程をベンディングという。工作機械は、コンピュータと接続されていて約10cmの長さの丸い枠をつくるために約500ヵ所もの設定を調整して、設計図面通りの3次元のカーブをつくりあげる。許容誤差は0.03mm。エンジニアは何度もテストを繰り返す。

　鯖江の眼鏡はかけてみると違いがわかると言われる理由の1つが、この精度を追求した端正なつくりにある。頭の皮膚の感覚は精度の高さを敏感に感じとるのかもしれない。鯖江の眼鏡をかけると、背筋が自然にすっと伸びて姿勢がよくなるような感覚がある。

ロウ付けで、組み立てる

　レンズを入れる2つの枠、それをつなぐ中央のブリッジ、鼻パッドの金具は、ロウ付けと呼ばれる技法で接合される。海外製の眼鏡でよく使われるレーザー溶接は、金属の断面を溶かすために部品の本体が傷つきやすくなるが、ロウ付けは部品の金属よりも融点が低い金属をロウとして使うので部品の本体を傷つけることなく接合できる。

　ロウ付けで大切なのは、ロウの選び方と温度と時間。400℃から500℃の高熱で、瞬時にロウを溶かし、部品を焦がさないうちに接合する。眼鏡フレームの設計やデザインによって、融点の異なる2種類のロウを接合する場合は難易度がさらに高まる。

　材料から部品まで精度を追求した結果、最後に組み立てるのは熟練した人間の手というのは不思議だが、ロウ付けはロボットにはできない。フレームを1枚ずつロウ付けする職人がいるおかげで生産枚数が限られたデザインであっても鯖江では形にすることができる。多彩なデザインの眼鏡をかける楽しみは職人の手によって守られている。

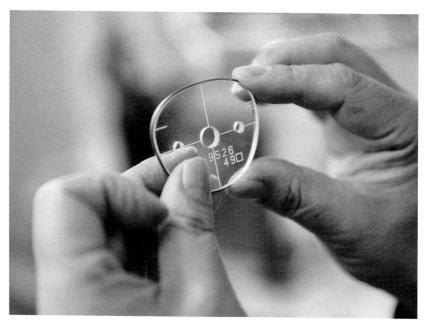

設計通りにリム線を曲げることができているか目視で確認している。
この他に3次元でも正しい形状になっているかを検査する。

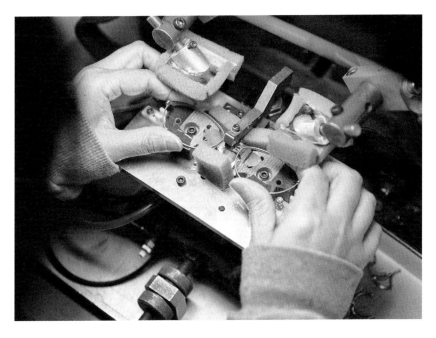

正確に、美しく、速く。ロウ付けの治具は各社の創意工夫があらわれる。

白枠の輝き

　眼鏡づくりのさまざまな工程を産地内で分業することで切磋琢磨してきた鯖江にあって、メタルフレームの最終の仕上げ磨きだけは自社で行うというメーカーが多い。大切に育ててきた子供を送り出すように、すみずみまで人の手できめ細かく磨きあげる。スイスには時計を磨くマイスターの国家資格があるらしいが、ここ鯖江でも熟練の職人が五感を研ぎ澄まし、金属に輝きを生み出している。

　仕上げ加工がされていない、金属が剥き出しのフレームのことを産地では白枠と呼ぶ。このまま完成でいいのではないかと思うぐらい白枠はすっぴんの美しさを備えている。金属肌がなめらかであればあるほど、世界最高峰と言われるメッキ技術の良さが活かされるという。

世界のブランドが鯖江で眼鏡フレームを製造する理由の1つが仕上げの美しさである。

世界機密の仕上げ

　鯖江の眼鏡の価値は、究極のかけ心地と一点の曇りもない美しい表面仕上げに集約される。世界最高峰と呼ばれる鯖江のメッキ技術は、あらゆる角度からずっと眺めていたくなる魅力を備えている。じつは眼鏡ほどメッキが難しい製品はない。なぜなら、眼鏡には裏の部分がない。メッキの難しさは、電気を流すプラグをはさむ際、その部分にはメッキを付けられないこと。そのため、通常は表面から見えない場所にプラグをつなぐ。しかし、眼鏡のフレームに隠れた場所はなく、プラグをつなぐ場所がない。そこで電気を通すために治具を工夫するなど様々な技術が求められるが詳細はトップシークレット。公開されていない。

　また、眼鏡のフレームには、純チタン、βチタン、形状記憶合金など複数の金属が使用されることも多い。異なる金属に均一にメッキを付けるのは至難の技である。

　さらに忘れてならないのが眼鏡は何度も折り曲げる道具であること。ガチガチに強固にメッキを付ければ、メッキの層は曲がる動きについていけ

フレームをあらゆる角度から眺めてもメッキの付け残しがない。
それが鯖江製と海外製の品質基準の違いでもある。

ず、ひび割れを起こすことになる。金属にまとわりつく皮膚のような柔軟性が求められる。鯖江では硬度・柔軟性・磨耗性など異なる条件を備えた高付加価値の表面処理が施されている。

　メッキは、美しく仕上がって完成ではない。そこからが鯖江の本領発揮である。眼鏡をかける人の汗、整髪料、光、洗剤など、さまざまな条件の中で、輝きと機能性をいかに持ち続けるか。ほんとうにいいメッキは、長い期間かけているうちに真価を発揮する。

七宝を塗る

　メタルフレームの細い縁に沿って、注射器のような道具で七宝の顔料を流していく。こんな装飾技術を備えているのは世界でも鯖江だけではないだろうか。メッキ仕上げを施した光沢のある金属面に色をのせていくのだから失敗は許されない。顔料の粘度を体に染み込ませ、自然に指を動かせるようになるには20年以上かかるという。

　工房を訪れた人は作業の繊細さに驚く。陶芸の世界にも近い。熟練した職人でも100枚塗ってすべてを同じに仕上げることは不可能という言葉に思わず納得してしまう。

　半世紀前、黒いプラスチックフレームが主流だった時代、メタルフレームに美しい色をつけるなんて、産地の誰もが考えていなかった。しかし、世の中に出してみると人気になり、鯖江に欠かせない技術として定着したのだという。

　いい眼鏡をつくるために役に立ちたい。誰もやっていないことに挑んでみたい。伝統を継承するだけでなく、新しい技術を取り入れる進取の気風が鯖江には流れている。

フレームの細い縁にエナメルの七宝を流していく。
工芸品には世界で1つしか作れない美しさがある、100本が100本、均一であることを求めるのはナンセンスである。

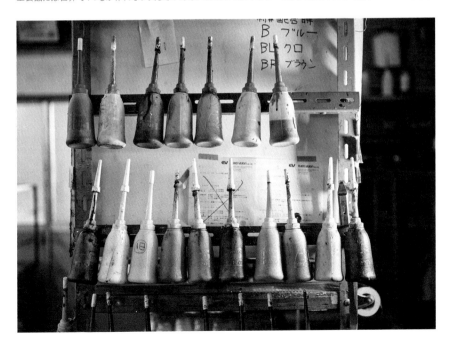

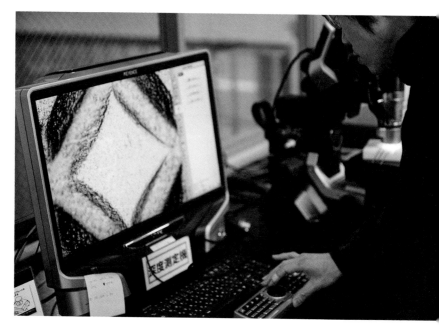

チタンの線の表面を調べる技術者。わずかな傷も見逃さない。

検査、検査、検査......

　メタルフレームができあがるまでに250〜300の工程があると言われる。検査の数を細かく足せば、その何倍にもなるにちがいない。とにかく検査の連続である。チタンの材料の状態を電子顕微鏡で確かめ、トレサビリティを保管する。フレームを2万回開閉させ耐久性をチェックし記録する。何か問題が起きても、製造工程のどこが原因だったかデータで遡ることができる体制が整っている。

　最終の検品では、完成したフレームを1枚ずつ設計図の上に乗せて人間の目でチェックする。1年に産地から出荷される何百万枚のフレームがこうして検査される。

耐久テスト。かなりの角度まで曲げてテストしていることに驚く。

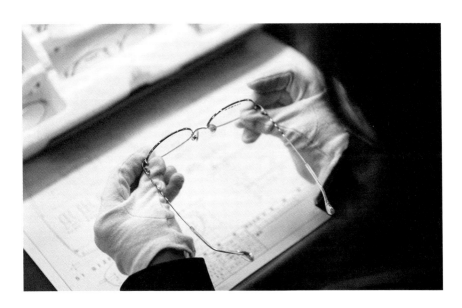

出荷前のチェック。1本1本、製品の設計図と照らし合わせる。すべての鯖江の眼鏡は、こうして出荷される。

メタルフレームの主な製造工程

**クリングス
（鼻パッドの金具）**

フロント

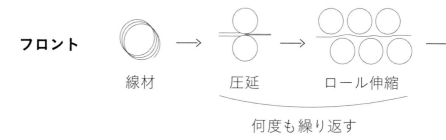

線材　　　　　圧延　　　　ロール伸縮

何度も繰り返す

部品

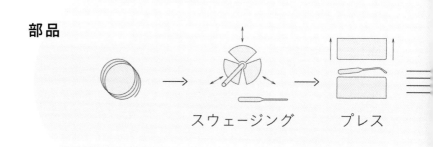

スウェージング　　プレス

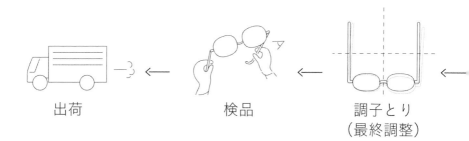

出荷　　　　　　検品　　　　調子とり
　　　　　　　　　　　　　　（最終調整）

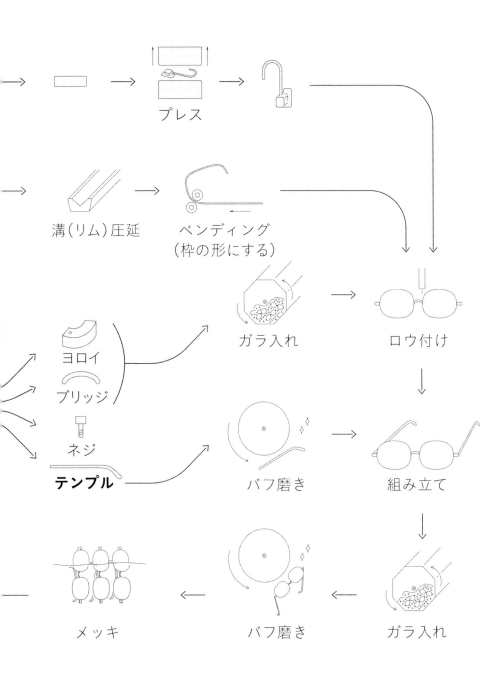

プレス

溝（リム）圧延

ベンディング
（枠の形にする）

ガラ入れ

ロウ付け

ヨロイ

ブリッジ

ネジ

テンプル

バフ磨き

組み立て

メッキ

バフ磨き

ガラ入れ

メタルフレームに
使われる金属

純チタン（純度約90%のチタン）

　チタンという金属に出会ったとき、産地の人は「まさに眼鏡フレームをつくるために生まれてきた金属ではないか」と思ったことだろう。鉄より軽く、ステンレスより圧倒的にサビに強く、金属疲労が起こりにくい。肌に触れたときの金属アレルギーも少ない。金属製のフレームの課題をすべて克服する特性を備えている。しかし、美しい薔薇に棘があるようにチタンは加工が極めて難しかった。削ろうとすれば刃がボロボロになり、それを解決すると今度はロウ付けがまったくできない、メッキも付かない。産地の人はさじを投げそうになりながらもあきらめず、技術を積み重ねていった。こうして開発されたチタンの高度な加工技術が、鯖江を世界でいちばんの眼鏡産地として有名にしていったのである。

βチタン（弾性チタン合金）

　鯖江のクォリティの高さを象徴する金属材料がβチタンである。純チタンよりも硬度を高め、弾力を持たせるため、バナジウム、アルミニウム、モリブデン、ジルコニウム、ニオブなどの金属をチタンと混ぜ合わせる。様々な種類やグレードがある。テンプル、ブリッジに利用されることが多い。純チタンとβチタンを適材適所、組み合わせたフレームも数多くつくられる。βチタンは純チタンよりも高度な加工技術が求められ、鯖江は海外の産地に対して技術的な優位性を誇っている。

バイオチタン（チタン合金）

　生物適合性を磨きあげた弾性チタン合金。ニッケル、パラジウム、アルミニウム、銅を一切含まないため、体内で使用しても安全性が高く、人工骨などに用いられる。肌への究極の優しさを求める人のために、高価なバイオチタンを採用したフレームも産地ではつくられている。

ゴムメタル（チタン合金）

　トヨタ中央研究所によって開発された新素材、自動車の機械部品のバネや人工の骨の材料にも採用される。従来の金属材料では不可能と考えられてきた、金属でありながらゴムのように柔らかくしなり、折れない特性を備えている。眼鏡づくりに最適な金属材料の1つとして、その弾力性を活かしたフレーム、テンプル、パーツがつくられている。

形状記憶合金

　メタルフレームに用いる超弾性合金（NT合金）も形状記憶合金の1つ。チタンとニッケルでつくられる。力をくわえても元に戻る性質を備えるだけでなく、熱を加えると変形前の形状に戻るという特徴がある。眼鏡のテンプル、ブリッジに使用されることが多い。

洋白（銅・ニッケル・亜鉛の合金）

　メタルフレームの材料は、銅合金にはじまり、ニッケル合金、さらにチタンへと変遷してきた。洋白は、銅合金にニッケルを加えたもの。眼鏡素材として使用されはじめたのは大正末期と言われている。プレスや切削など加工がしやすく、金属メッキを施すことで耐食性を高めることができる。しかし、洋白は、汗の影響でニッケルが溶け出しやすい性質があるため、汗をかきやすい環境では、金属アレルギーを起こすこともある。ニッケルシルバーと呼ばれることもあるが、銀は含まれない。

サンプラチナ（ニッケル・クロム・銀の合金）

　昭和初期に登場した高級素材。昭和天皇がサンプラチナ製の丸眼鏡をお召しになられたことがきっかけとなり人気を集めた。もともと歯科治療に使用するために開発された金属であり、洋白にくらべてアレルギーが出にくい性質をもっている。磨きあげると白金のような上品な輝きを放つことが名前の由来と考えられるが、プラチナは含まれない。

赤銅（銅・金・銀の合金）

　銅に、3〜4%の金、1%の銀を混ぜた合金。日本の伝統的な金属材料で装身具などに用いられてきた。古くは奈良の大仏鋳造の資材としても記録が残る。産地の眼鏡づくりが始まって間もない明治44年、福井の増永五左衛門の工場でつくられた「赤銅金ツギ眼鏡」が全国共産品博覧会で金杯を受賞。産地発展の礎となった。現在では赤銅の眼鏡はつくられていない。

金

　眼鏡の長い歴史の中で、王侯貴族や富裕な商人は自分の金眼鏡をあつらえさせ、優雅さを競ってきた。純度100%24金は、眼鏡の材料としては柔らかすぎるため、銀や銅などの金属を加えた18金が用いられることが多い。金製のフレームは、高価なだけでなく、産地の技術の粋が集められたマスターピースである。

金張り

　金張りは、下地の金属の上に、薄く伸ばした金の板を熱で圧着していく技術。金そのものが張られているので、金の使用量も多く、傷に強く、経年劣化も少ない。金張りは一度張ってしまうと、後から磨くことができないので高度な仕上げ技術が要求される。大正時代、アメリカから多くの金張り眼鏡（米金）が輸入された。当時、金と銅の合金である赤銅を使って眼鏡を生産していた福井・鯖江の眼鏡産業は打撃を受けた。これに対抗するため、日本は金張りの材料を輸入し、技術開発を進めた。昭和30年代後半から国産の金張り材料が手に入るようになった。また、チタン材料の実用化に合わせて、チタン金張り材料も開発された。

金メッキ（鍍金）

　メッキは仏像に金を塗ることからはじまった。もともと塗金と表記されていたものが滅金となり、鍍金に変化した。鍍という文字は金銀を溶かして表面に流し飾りつけるという意味がある。鯖江では、長年にわたって、メッキをはじめとする様々な表面技術を磨きあげてきた。高級感のある色艶を思いのままに表現できる、鯖江の仕上げ技術はヨーロッパなど有名ブランドに認められ、その製品に広く採用されている。

メタルフレームの工場の多くは、鯖江市の中心部に集まっている。

鯖江は川の街でもある。川面を風が抜ける風景が人の心をくつろがせる。

第5章 プラスチックフレーム（セルロイド・アセテート）

プラスチックの板を1枚1枚削る。
色、艶、かけ心地、すべてに妥協しない。

曲がる、曲がらない

　熱を加えたとき、曲がるか、曲がらないか。それは、フレームのかけ心地を調整できるかできないかという意味である。現在、流通するプラスチックフレームの材料にはアセテート、セルロイド、TR90、ウルテムがある。すべて熱可塑性樹脂に属するが曲げやすくなる温度帯が異なる。鯖江がプラスチックフレームの材料としてアセテートやセルロイドを使用してきたのは、それらが60℃を超える程度の温度で調整用に曲げることができるから。（枠を製造する時は110℃近くまで熱する。）

　一方、TR90やウルテムは数百℃の高温でなければ柔らかくならない。その性質を利用し、高熱で溶かして鋳物のように型に流し込み、大量生産方式で同じ型のフレームを同時に何枚もつくりあげる。そのためロープライスのプラ

アセテートの板。左ページは曲げる前、右ページは曲げた後。

スチックフレームのほとんどはTR90やウルテムを材料にしている。またフレームが完成した後は、形を変えることが難しく、磨いて艶を出すこともできない。

　アセテート、セルロイドは、職人が手で磨きあげることで美しい色艶を放つという魅力もある。表面が傷ついても磨き直せば新品の輝きを取り戻し、破損しても修理できる。愛着を持って長く使い続けることに適した材料だが、そのぶん、製造に手間がかかる。削り、磨き、艶出しなど、1枚1枚人間が手をかけてあげなければ眼鏡の形にはならない。そのプラスチックフレームは鯖江製かどうか。確かめてみる方法としては、まず材料がアセテートまたはセルロイドであること。それだけでは海外製品の場合もあるので、細部の仕上げをじっくり確かめること。この2点に注目するとかなりの確率で見抜くことができる。

綿花からつくられる
プラスチック

　プラスチックは石油からつくられると考えている人も多い。しかし、セルロイドやアセテートは植物由来の樹脂で綿花やパルプを原料につくられる。 肌触りがよく、アレルギーも少なく、磨きあげれば美しい光沢を放つという魅力を備えている。

　セルロイドは鼈甲や象牙の代用として開発されたプラスチック。かつてプラスチックフレームの主流であったが、近年は一部の高級フレームに使われることが多い。現在でもプラスチックフレームのことをセル枠と呼ぶが、それは最初のプラスチック枠がセルロイド製だったから。セルロイド枠の略である。可燃性の材料なので、工作機械が進化していなかった昔の時代は、削るときの摩擦で発火し、工場が火事になることがあったと言われている。

　アセテートは、セルロイドに代わる難燃性のプラスチックとして開発された。かけ心地を自在に調整できるだけでなく、さまざまな色や柄を表現するという長所を備える。現在、鯖江のプラスチックフレームの多くがアセテート製である。

眼鏡用のアセテートの板。さまざまな色や模様がある。

カーブの名人

　プラスチックフレームを真上から眺めると、前枠と呼ばれるフロント部分がカーブしていることがわかる。セルロイドやアセテートを使ったフレームづくりは、顔のラインに合わせてプラスチックにカーブをつける工程から始まる。産地ではR付けと呼んでいる。ヨーロッパや中国など海外の産地は先にフレームの形を切削してからRを付け、鯖江ではプラスチックの板に先にRを付けてからフレームの形を切り出す。その方が設計図通りの精度が高いフレームがつくれるからである。

　R付けの工場は、ものすごい湿気に包まれている。セルロイドやアセテートの板を110℃近くの液体に浸けて柔らかくし、オスとメスの金型に挟んでしっかり固定する。フレームの厚みによって温める時間は異なり、温めすぎると気泡ができてしまうため、職人は神経を集中させる。プラスチックの板にRを付けることを専門にする熟練の職人がいることも鯖江の分業体制の強みである。

　Rが付けれられたプラスチックの板は、機械によって内側をくり抜かれ、外側をフレームの形に削られ、ヤスリがけ職人の元へ届けられる。

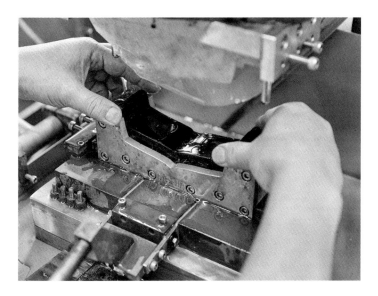

アセテートの板を熱したグリセリン溶液につけて柔らかくし、金型で押さえこむ。
職人の勘が要求される瞬間の技。

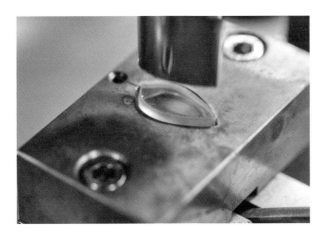

海外製と、鯖江製の眼鏡を見分ける方法の1つが鼻パッド。鯖江では、デザインに合わせて、板から型を抜き、熱を加えて立体の丸みを持たせ、最後にカットする。切断前は左右のパッドがくっついた蝶の羽の形をしているので、産地では鼻パッドのことを蝶と呼ぶこともある。この蝶が、特徴のある立体的な丸みを備え、パーツの状態でバレル磨きをかけてあるので磨き残しがない。小さな部品にも美しさを妥協しない。それが鯖江の眼鏡づくりである。

アメリカの喜劇俳優ハロルド・ロイド。
彼がかけていた丸眼鏡はロイド眼鏡と呼ばれ世界的なブームとなる。
この流行は、日本にも飛び火し、鯖江でも数多くつくられるようになった。

フレームを何枚も削るうちに、スリ板は職人の使いやすい形に変形していく。

ハンドメイド vs 機械

　眼鏡は、ハンドメイドでつくることが素晴らしいわけではない。理想の
かけ心地、美しい色艶をつくりだすために機械の方が優れていれば取り
入れるという進取の気風が鯖江の眼鏡づくりを進化させてきた。それでも
なお、プラスチックフレームの製造工程の多くは人間の手でつくられてい
る。機械にできない作業が数多くあるからである。
　レンズの玉型がくり抜かれ、外側をフレームの形に切削されたプラス
チックフレームの原型ができあがる。その角張った板は1枚1枚人間の手
でヤスリがけされ細部が削られ、フレームとして形になっていく。木の板

前枠とテンプルの接合部は、眼鏡の美しさを決める重要な箇所。熟練の技が求められる。

を斜めに傾けただけの素朴なスリ板の上にフレームを置き、シュッシュッと
ヤスリを動かす。スリ板は、職人のクセを覚えるように1台1台違う形状に
削りとられていて面白い。

　職人は20代の若者もいればベテランもいる。鯖江の気質なのだろうか、
物静かに作業台に向かっている。個を主張するのではなく分業体制の一
員として自分の腕を磨き続ける。世界的な眼鏡産地である鯖江のクォリ
ティの一部を支えているという自負が大きいのだろう。産地の技術はモノ
づくりの精神とともに若い世代に受け継がれている。

艶出し、3日

　福引に使うガラガラを大型にしたような装置が音を立てて回っている。中には、小石ほどの大きさの研磨用チップとフレームの前枠部分あるいはテンプル部分が入っている。ガラガラと回転して研磨チップとフレームのパーツがこすれあい、ヤスリがけの細かな傷を落として、滑らかな艶をつくり出していく。

　このガラの工程は、荒ガラ、中間ガラ、仕上げガラの3段階がある。研磨チップは硬いほど艶が出やすく、最後の仕上げガラは竹や木など各社工夫を凝らしたチップで磨きあげられる。各段階で12～24時間ずつ。合計2～3日間連続でガラによる研磨が続く。ものによってはもっと長くガラを回す場合もある。摩擦の熱でプラスチックの素材が温まると艶が出なくなるので、時折、職人は手を研磨チップの中に入れて温度を確かめ、適温まで冷ましてから再びガラを回転させる。単純なように見えるがじつはプラスチックフレームの輝きの下地をつくる重要な工程である。職人は、研磨チップの状態を常に一定に保つよう注意深く見守っている。

　ちなみにメタルフレームにも同じような研磨工程がある。メタルフレームの場合は金属の細部まで入りこむようクルミなどのチップが用いられる。

どの種類のガラを使って、どれくらいの時間磨くか、職人は工夫を重ねる。

芯を撃つ

　プラスチックフレームのテンプルは、中心の部分に金属が通っている。
この金属は芯金と呼ばれ、フレームの強度を補強したり、かけ心地を調
整するために重要な役割を果たしている。

　芯金を撃ちこむ工程はシューティングと呼ばれる。高周波で中心部分
を温めたプラスチックに、熱した芯金を弾丸のようにズバンッと一気に突
き刺す。プラスチックが熱で溶けすぎても、冷たすぎても中心には刺さら
ない。芯金の素材は、洋白、純チタン、βチタンなど様々な金属が用いら
れ、デザインや形状も異なる。そのため金属を熱する温度も微妙に変え
なければならない。プラスチックを内部まで均一に温めるために最初は低温
で温めておき、撃ちこむ直前に一気に高熱に温めることもポイントだという。

　50年前は、プラスチックを半分に裁断し、芯金を入れて貼り合わせて
テンプルを作っていた。シューティングの機械を開発することで、鯖江の
眼鏡フレームの精度は飛躍的に高まった。しかし、現在でも、芯金を真っ
直ぐ中心に撃ちこめるようになるまでには熟練を要する。眼鏡をかける人
が気がつかないような細部まで職人の技が活かされ、究極のかけ心地と
美しさを支えている。

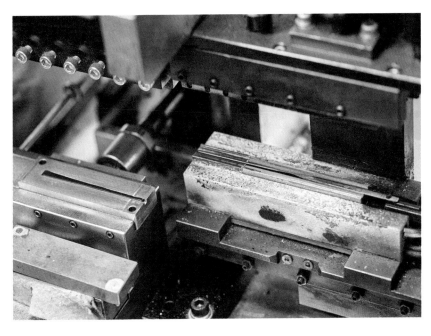

板状のプラスチックの中心部を高周波でさらに加熱し、金属の芯を一気に撃ちこむ。

0ゼロの接点

　眼鏡フレームでもっとも精密な部品が蝶番である。金属の微細な精密加工において、鯖江は世界で一番の精度を誇っている。蝶番のオスとメスの幅の差が0に近い状態を産地では0ゼロと呼んでいる。完全な0ゼロではオスとメスを組み合わせることはできないが、限りなく0ゼロを求めて0.01mm単位の精度で切削加工を実現している。

　その精度がどれくらいすごいか。例えば、蝶番を留めるネジを外しても、オスとメスがずれたり、簡単に外れたりしない。金属面と金属面がピタッと吸い付くようにくっついている。まるで日本刀の刀と鞘のようである。

　なぜ、ここまでの加工精度が出せるのか。それは各社のノウハウが詰まった極秘事項である。ただ1つ言えるのは徹底した検査体制。完成品の寸法を精密に計測するのはもちろんのこと、チタンを切断する超鋼の刃の研ぎ具合まで厳しく検査される。ちなみにチタンを切削する刃は、800～2000回で研ぎ直しが必要になるという。1日に膨大な数量の蝶番を切削しながら、全ての製品で0ゼロの精度を追いかけることがいかに地道で大変な作業なのかがよくわかる。

設計上は可能であっても、それを高精度に作ることができなければ意味がない。
メイドインジャパンとは、こうしたモノづくりの集大成である。

蝶番の溝に金属のスケール板を挟み、精度を確かめる。

座掘り、かしめ

　座掘りとは、プラスチックフレームの前枠に蝶番を埋めこむ穴を開ける工程のこと。蝶番の大きさの約7割程度の穴を開け、そこに熱した金属の蝶番を埋めこんで固定する。プラスチック用の蝶番は、先端がゲタと呼ばれる楔形の形状になっており、抜けたり動いたりしないように作られている。

　かしめとは、かしめ蝶番とも言われ、プラスチックフレームを組み立てる伝統的な技法の1つ。座掘りした位置にかしめ蝶番を置き、かしめピンを通し、ピンの先をミシンのように振動するかしめ機で叩いて潰して固定する。クラシカルな意匠を大切にしたフレームでは、現在もかしめ蝶番が使われることが多い。

機械のセッティングを決め、力加減を操るのは熟練の職人技。

鯖江でなければつくれない

コンビの枠

　メタルとプラスチックを組み合わせたコンビの枠は鯖江でなければつくることができないと言われている。その理由の1つがプラスチックの切削。高速に回転する刃を使い、水と油を注ぎながらプラスチックという柔らかな素材を高精度に加工していく技術を鯖江は磨き上げてきた。

　もう1つは職人の細かな手仕事。プラスチックのパーツはどんなに精密に加工しても、素材が安定するまでは少しずつ縮むという性質をもっているため、メタルと組み合わせる直前に職人がサイズを微調整する作業が欠かせない。

設計図に描かれた美しい眼鏡のデザインは、技術と経験と生真面目さに支えられて、初めて製品として形になる。

分業体制だからこそ、さまざまな専門技術が磨き抜かれる。
この技術はこの会社に頼めばなんとかしてくれる。その信頼が産地を支える。

一点の曇りなく

　プラスチックフレームの最終工程はバフ磨き。高速で回転する綿のバフに研磨剤をつけて光沢が出るように磨いていく。フレームの前枠とテンプルを接合する部分は、合口と呼ばれ、そこを美しく流れるように磨きあげるのが職人の腕である。

　アセテートやセルロイドを材料にプラスチックフレームを完成させるには数百の工程が必要になる。幾つもの工場と職人の手を経て1枚1枚丁寧に作りあげられる。その時間と手間に応えるように、鯖江のプラスチックフレームは最後の仕上げによって色艶を放ちはじめる。

　長い間、使用しているうちにアセテートやセルロイドのフレームは表面が白くなることがあるが、再び研磨すれば新品の輝きを取り戻す。良い品質の眼鏡を愛着を持って長く使い続けることができるよう、設計、材料、部品、製造、磨きなど分業体制のすみずみまで品質主義を貫く。その精神が鯖江を世界でいちばんの眼鏡産地にしたのである。

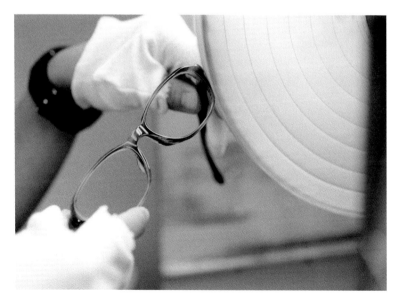

指先の感触で覚えるのか、バフが擦れる音で確かめるのか。磨き作業は繊細さを極める。

人形用の眼鏡も作られている

芯が刺さったテンプル

鯖江では、アセテートの魅力を活かした指輪やイヤリングがつくられている。
金属アレルギーの人も安心して身につけられるアクセサリーとして人気を集め、
産地の新しい魅力となっている。

プラスチックフレームの主な製造工程

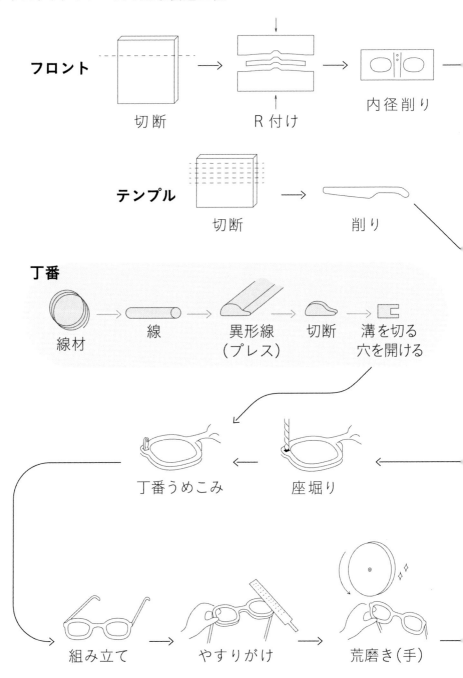

フロント　切断　→　R付け　→　内径削り　→

テンプル　切断　→　削り

丁番　線材　→　線　→　異形線（プレス）　→　切断　→　溝を切る 穴を開ける

丁番うめこみ　←　座堀り　←

組み立て　→　やすりがけ　→　荒磨き（手）

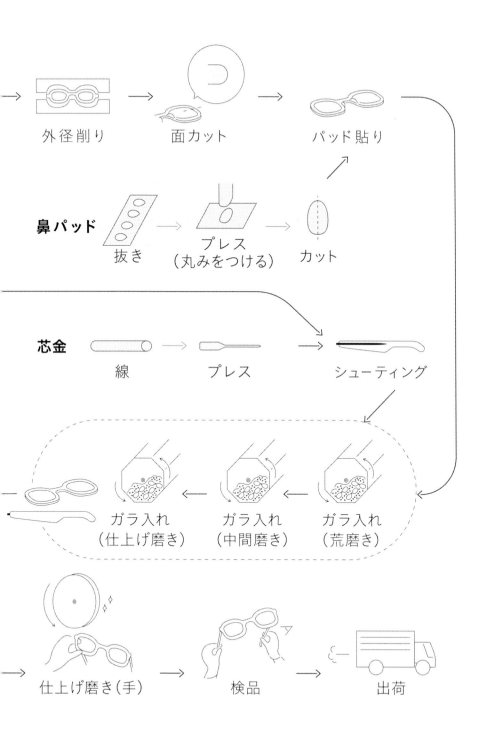

→ 外径削り → 面カット → パッド貼り

鼻パッド　抜き → プレス（丸みをつける） → カット

芯金　線 → プレス → シューティング

ガラ入れ（仕上げ磨き） ← ガラ入れ（中間磨き） ← ガラ入れ（荒磨き）

→ 仕上げ磨き（手）→ 検品 → 出荷

インジェクション製法の材料

インジェクションとは

　樹脂を溶かして、鋳型に入れて成型し、一度に大量生産する方法。鯖江が得意とするセルロイドやアセテートを使った眼鏡づくりとは製法がまったく異なる。韓国などの海外製のプラスチックフレームによく使われる。成型後は、変形することが難しく、細かなフィッティング調整や、破損修理は基本的にできない。

TR90（エンプラ）

　インジェクションで使用されることが多い材料でポリアミド樹脂の1つ。医療用のカテーテルや哺乳瓶の材料に使われ、軽量で、弾力があり、耐久性も高い。フレーム素材としての弱点は、変形可能な温度が高温であるため、テンプルを曲げてかけ心地を細かく調整することが難しいこと。また細かな傷を磨いて落とすこともできない。TR90は基本的に単色であるため、色艶や模様がついたものは表面に着色や印刷が施される。

ウルテム（スーパーエンプラ）

　正式名称は、ポリエーテルイミド樹脂。耐熱性、強度と剛性、耐薬品性を備えている。3Dプリンターのインジェクション素材として用いられる。TR90と同じく、変形可能な温度が高温であるため、細かなフィッティング調整や磨きはできない。またシンナー、アルコールなどの有機溶剤に弱く、一般的に表面にコーティング仕上げが施されている。

鯖江市の東側にある河和田の町並み。
眼鏡づくりだけでなく、越前塗りの漆器など、古くからモノづくりの町として知られてきた。

この青々とした景色が、雪に覆われ、白一色に包まれる。鯖江の四季は美しい。

フレームを企画して、
製造するメーカーや商社がある。

材料や部品に情熱を注ぎ、
仕上げの技術を磨く工場がある。

分業体制の強みとは、それぞれが
専門領域で品質主義を貫くこと。

その集合体として
世界に類を見ない完成度の高い
眼鏡ができあがる。

福井県眼鏡工業組合

手賀精工㈱	鯖江市有定町 1-6-14	丁番・智・ネジ
ヨシダ工業㈱	鯖江市有定町 2-11-24	丁番
丹下眼鏡	鯖江市有定 3-2-27	プラ枠
セイコーオプティカル㈱	鯖江市有定町 3-6-12	金枠・コンビ枠・縁なし枠・溝堀枠・プラ枠
オプティカル長谷川㈲	鯖江市住吉町 3-14-19	金枠
㈱岩佐	鯖江市水落町 44-48	金枠・コンビ枠・縁なし枠・プラ枠・ナイロール枠・サングラス
㈲カツキ眼鏡	鯖江市長泉寺町 1-11-19	中間加工（調子取り）
㈱oogen	鯖江市本町 2-2-20	企画・製造・輸出入
㈱ユウシ	鯖江市中野町 56-47-1	機械卸商社
カメマンネン㈱	鯖江市柳町 1-10-12	卸商社
㈲ミヤシタオプトメーク	鯖江市柳町 2-8-24	金枠・コンビ枠・縁なし枠・プラ枠・ナイロール枠・サングラス
㈱ハイテックオプティカル	鯖江市柳町 3-403	プラ枠
㈱ネクサス	鯖江市柳町 3-403 2F	卸商社
㈱フクオカラシ	鯖江市柳町 4-4-4	丁番・智・ネジ・二次加工
タナカフォーサイト㈱	鯖江市東鯖江 4-4-15	金枠・コンビ枠・縁なし枠・溝堀枠・ナイロール枠
㈱和晃光器	鯖江市東鯖江 4-6-3	金枠・コンビ枠・縁なし枠・老眼鏡・ナイロール枠・サングラス
㈲梅田	鯖江市東鯖江 2-6-5-4	金枠・コンビ枠・ナイロール枠・縁なし枠・サングラス・卸商社
㈱ルーツ	鯖江市新横江 1-2-9	木・竹製フレーム・卸商社・小売商社
㈱米谷眼鏡	鯖江市新横江 2-7-9-6	眼鏡部品
㈱シューユウ	鯖江市横越町 16-26-1	金枠・コンビ枠・縁なし枠・老眼鏡・ナイロール枠・サングラス
㈲マスダオプチカル	鯖江市横越町 29-24-1	テンプル
石本眼鏡㈲	鯖江市下新庄町 48-37	中間加工（二次加工）
オプティカルフィールドシステム㈱	鯖江市下新庄町 119-9	金枠・コンビ枠・ナイロール枠
㈱アイヴァン	鯖江市宮前 1-3-12	金枠・コンビ枠・プラ枠・ナイロール枠・サングラス
㈲レッツ・アイかわもと	鯖江市宮前 2-327-2	ロー付け
㈲ナカムラテクニカル	鯖江市下氏家町 11-4	ロー付け
㈱ホプニック研究所	鯖江市下野田町 27-46	レンズ
㈱タイホウ	鯖江市上野田町 18-1	眼鏡枠加工業
㈱トーシン眼鏡製作所	越前市小野谷町 4-1-14	卸商社
山本光学㈱福井事務所	越前市中津山町 36-1	プラ枠・サングラス・ゴーグル各種
㈲ブリッヂコーポレーション	越前市新保町 6-1	ロー付け・鼻で止めないフレーム・卸商社
㈱アドバンス	越前市本保町 8-1-4	鋳造部品・丁番・智
㈱メガネのバン	越前市小松 1-6-14	小売・卸商社・企画・組立
西出眼鏡	越前市広瀬町 71-9	金枠・コンビ枠・ナイロール枠
㈱オプチカルイイジマ	越前市向陽町 53	金枠・ナイロール枠・小売商社
CRSジャパン	越前市大虫町 24-10-2	卸商社
松原蝶製作㈲	鯖江市北野町 1-1-20	パッド
㈱アオヤギ	鯖江市北野町 1-3-10	卸商社
㈱央眼製作所	鯖江市北野町 1-12-20	テンプル・山・ワタリ・鎧
福井めがね工業㈱	鯖江市御幸町 1-301-4	金枠・コンビ
㈱三工光学	鯖江市北野町 2-13-12	金枠・コンビ枠・縁なし枠・ナイロール枠
㈱三興	鯖江市北野町 2-20-5	レンズ・メッキ
㈲ジェイ企画	鯖江市北野町 2-23-12	塗装
㈲山和工業	鯖江市北野町 2-25-17	研磨

㈲マーベル	鯖江市水落町 1-1703	テンプル・プラ枠・キャスト
㈲サンキ	鯖江市水落町 3-8-3	パッド・山・箱足
アルファ㈱	鯖江市水落町 7-28-6	プラ枠・サングラス・老眼鏡
㈱リペア	鯖江市小泉町 6-10-5	修理
㈱ボストンクラブ	鯖江市三六町 1-4-31-2	卸・小売商
㈲金谷眼鏡	鯖江市幸町 2-4-42	金枠・サングラス・卸商社
㈱ニッセイ	鯖江市田所町 108-2	卸商社
㈱ジゴスペック	鯖江市神明町 2-2-18	サングラス
サンホープ㈱	鯖江市神明町 4-7-36	金枠・縁なし枠・ナイロール枠・コンビ枠・サングラス・老眼鏡
㈱エツミ光学	鯖江市糺町 21-4-8	中間加工(サングラス組立)
㈱晃梅	鯖江市丸山町 1-1-21	眼鏡製造用機械・工具・副資材・卸商社
㈱乾レンズ	鯖江市丸山町 1-3-31	OEM 用サングラスレンズ・サングラス・老眼鏡
㈱栄新	鯖江市丸山町 2-6-9	レンズ・偏光シート加工・開発
㈱コンベックス	鯖江市丸山町 3-4-23	レンズ
㈱西村プレシジョン	鯖江市丸山町 3-5-18	金枠・老眼鏡・丁番・智・卸商社・小売商社
㈱サンルックス	鯖江市丸山町 3-5-25	レンズ
㈱西村金属	鯖江市丸山町 3-5-26	丁番・中間加工(部品)
㈱青山光学	鯖江市丸山町 3-6-16	レンズ・中間加工(プラ枠)
㈲水野レンズ	鯖江市丸山町 3-6-22	レンズ
㈲一島鉄工	鯖江市丸山町 3-2-22	機械
㈱ Nextage	鯖江市丸山町 4-2-20	卸商社
㈱キッソオ	鯖江市丸山町 4-305-2	コンビ枠・プラ枠・材料・機械・卸商社・小売商社
伊部眼鏡㈱	鯖江市鳥羽 1-4-8	プラ枠
㈱フォルクス	鯖江市鳥羽 1-1303	卸商社
山崎工業㈱	鯖江市鳥羽 3-3-32	パッド・モダン・成形部品
㈲イーエックス工房青山	鯖江市鳥羽町 33-6	中間加工
㈱ユーロビジョン	鯖江市鳥羽町 106-8-1	卸商社
藤田光学㈱	鯖江市神中町 1-5-22	金枠・プラ枠・サングラス・老眼鏡
㈲小林眼鏡工業所	鯖江市神中町 1-402-2	テンプル・智・リム
入道眼鏡㈱	鯖江市神中町 2-1-23	プレス部品・レーザー加工部品
ユニックス㈱	鯖江市神中町 2-4-15	材料・卸商社
㈱サイトーオプチカル	鯖江市神中町 2-4-48	金枠・コンビ枠・縁なし枠・ナイロール枠・サングラス
㈱リム精工	鯖江市神中町 2-4-28-1	リム
㈱エクセル眼鏡	鯖江市神中町 2-5-12	金枠・コンビ枠・溝堀枠・ナイロール枠・サングラス
㈱トーキン	鯖江市神中町 2-5-27-1	メッキ
㈱オプトメイク福井	鯖江市神中町 2-501-18	フレーム修理
浜本テクニカル㈱	鯖江市神中町 2-501-30	金枠・コンビ枠・プラ枠・サングラス
㈱蒲商会	鯖江市神中町 2-501-47	機械
㈱インフェルドオプチカ	鯖江市神中町 2-6-3	プラ枠・コンビ枠
伊藤眼鏡工業㈱	鯖江市神中町 2-6-6	金枠・コンビ枠
アイテック㈱	鯖江市神中町 2-6-8	メッキ・塗装
㈱日金マテリアル	鯖江市神中町 2-6-16	材料・卸商社
㈱浜野メッキ	鯖江市神中町 2-6-27	メッキ・塗装
㈱ふくしま	鯖江市神中町 2-6-45	金枠・コンビ枠・ナイロール枠・サングラス・老眼鏡

㈱オプティカ・フクイ	鯖江市神中町2-9-1	卸商社
㈱田中教作商店	鯖江市神中町2-9-5	材料
㈱日東電機工業所	鯖江市神中町2-913-1	機械
木村金属工業㈱	鯖江市御幸町1-2-65	丁番・智・座金・ネジ
プラスジャック㈱	鯖江市御幸町1-301-11	プラ枠・サングラス・テンプル
㈱サンリーブ	鯖江市杉本町15-22	卸商社
㈱北陸山宗	鯖江市杉本町16-5-1	材料・卸商社
㈲西尾眼鏡	鯖江市杉本町29-45-1	コンビ枠・プラ枠・サングラス・テンプル・中間加工
㈱エイコー金属	鯖江市杉本町30-20-1	テンプル・智・金型・山・鎧
㈲るねっと	鯖江市杉本町31-45	修理・試作
竹内光学工業㈱	鯖江市杉本町35-150-1	金枠・コンビ枠・縁なし枠・溝堀枠・ナイロール枠・サングラス
㈱マックス	鯖江市杉本町38-5-8	テンプル・パッド・丁番・智・リム
㈲山裕	鯖江市杉本町38-7	サングラス
サンオプチカル㈱	鯖江市杉本町802-5	オーダー眼鏡（プラ枠・セル枠・リムレス枠・サングラス枠）
㈱内藤眼鏡	鯖江市杉本町17-21-4	金枠・コンビ枠・プラ枠・ナイロール枠・サングラス
フジイオプチカル㈱	鯖江市吉江町17-4-1	金枠・コンビ枠・縁なし枠・溝堀枠
㈱加藤八	鯖江市吉江町105	レンズ・レンズ蒸着
㈱清水工業所	鯖江市吉江町215-1	テンプル・山・鎧・金型
㈱長井	鯖江市吉江町311	テンプル
㈱藤井製作所	鯖江市吉江町313	金枠・コンビ枠・縁なし枠・ナイロール枠・サングラス
㈲鑞付屋	鯖江市米岡町2-84-1	ロー付け
㈲ヒエロハウス	鯖江市入町4-15-1	金枠・コンビ枠・プラ枠・卸商社
㈱藤田製作所	鯖江市入町6-1-47	丁番・リム・智・金型
㈲オプティックマスナガ	鯖江市つつじヶ丘町1-3	卸商社
㈲山司金型	鯖江市石田上町6-5-6	金型・眼鏡部品
シャインプラスチック㈱	鯖江市石田上町13-12-6	インジェクション成形
㈱メガネトップキングスター工場	鯖江市石田上町26-1	金枠・コンビ枠・小売商社
㈱前澤金型	鯖江市石田上町51-11-1	プラ枠・金型
㈲宇野技研	鯖江市石田下町7-2-1	マシニング加工
㈲サンドグラス	鯖江市石田下町10-6-3	ホーニング・レーザー加工
高松メッキ工業㈱	鯖江市石田下町12-9-3	メッキ
㈱ワカヤマ	鯖江市石田下町43-6-1	メッキ・塗装
㈱佐々木セルロイド工業所	鯖江市小泉町31-3-10	プラ枠
㈱美装ジャパン	鯖江市平井町42-2-16	メッキ
㈲オプティック・アマヤ	鯖江市二丁掛町31-20	テンプル・モダン・プラスチック成形
㈲松山眼鏡部品製作所	鯖江市川去町4-7	プレス加工業・テンプル
㈱シャルマン	鯖江市川去町6-1	金枠・コンビ枠・縁なし枠・ナイロール枠・サングラス
匠精工㈱	丹生郡越前町上川去10-1-1	テンプル・山・智・マシニング切削・研磨・金型
㈱グロース	丹生郡越前町西田中1-206	金型
朝輝眼鏡㈱	丹生郡越前町西田中18-19	プラ枠・ナイロール枠・サングラス
フジテック	丹生郡越前町東内郡2-208	金型・パーツ・二次加工
㈱中嶋	丹生郡越前町岩開9号53-5	金枠・コンビ枠・縁なし枠・プラ枠・ナイロール枠
㈱石川技研	丹生郡越前町陶の谷15-5	メッキ
㈲北陸ベンディング	鯖江市舟枝町5-13-4	テンプル・リム

144

㈱ササマタ	鯖江市中野町 49-7	パッド
フジタ技研㈱福井営業所	鯖江市上河端町 37-1	金属熱処理
㈱栄光眼鏡	鯖江市上河端町 45-3	金枠・コンビ枠・縁なし枠・ナイロール枠・サングラス
山田眼装㈱	鯖江市石田上町 18-24-1	七宝
㈱田中眼装	鯖江市上河端町 63-1-1	塗装
ブライト商事㈱	鯖江市下河端町 2-22-3	眼鏡用資材・副資材卸商社
㈱アサヒオプティカル	鯖江市下河端町 47-26	レンズ
㈱エレガント眼鏡	鯖江市下河端町 65-13	金枠・縁なし枠・ナイロール枠
㈱加藤工芸	鯖江市下河端町 97-134	コンビ枠・プラ枠・ナイロール枠・サングラス
㈱ケィテオプチカ	鯖江市下河端町 2312	金枠・コンビ枠・縁なし枠・ナイロール枠・サングラス
木下工業㈱	鯖江市四方谷町 5-15	丁番
㈲川上金型	鯖江市南井町 5-15-2	金型・研磨
㈱辻めがね	鯖江市南井町 8-108	金枠・コンビ枠・縁なし枠・溝堀枠・ナイロール枠
水島眼鏡㈱	鯖江市落井町 43-71	金枠・コンビ枠・縁なし枠・溝堀枠・ナイロール枠・貴金属枠
㈱ナカタニ	鯖江市戸口町 9-2	金枠・コンビ枠・縁なし枠・ナイロール枠
沢正眼鏡㈱	鯖江市別司町 24-32	コンビ枠・プラ枠・サングラス
寺本眼鏡㈱	鯖江市河和田町 3-10	コンビ枠・プラ枠・サングラス
㈱グラシック	鯖江市河和田町 3-11	コンビ枠・プラ枠・卸商社
㈱関眼鏡製作所	鯖江市河和田町 25-43	金枠・コンビ枠・縁なし枠・プラ枠・ナイロール枠・サングラス
㈱木村商店	鯖江市片山町 43-18	金属材料全般・溝線製造
㈲谷口眼鏡	鯖江市西袋町 228	プラ枠
㈱加藤製作所	鯖江市西袋町 37-10	金枠・コンビ枠・縁なし枠・研磨・ロー付け・中間加工
山田フレーム㈲	鯖江市西袋町 37-11	金枠・コンビ枠・縁なし枠・ナイロール枠・Tiロウ付け
㈲オプト・デュオ	鯖江市北中町 539	卸商社
㈲藤田めがね	鯖江市寺中町 28-4	金枠
丹羽眼鏡工業㈱	鯖江市沢町 21-4-1	金枠・コンビ枠・縁なし枠・プラ枠・ナイロール枠・サングラス
㈱博眼	鯖江市上河内町 41-17	金枠・コンビ枠・縁なし枠・ナイロール枠
㈲アラ井製作所	越前市栗田部町 39-14	旋盤部品
㈱岩本	越前市西庄境町 19-8-1	金枠・コンビ枠・縁なし枠・ナイロール枠
㈲市橋精工	越前市東庄境町 43-4	丁番・智
倉内眼鏡㈱	今立郡池田町稲荷 25-3	金枠・コンビ枠・プラ枠・ナイロール枠・サングラス
㈱村上眼鏡工業所	今立郡池田町水海 62-6-1	金枠・テンプル・丁番・智・金型
㈱吉岡ロゴテック	福井市花堂南 2-13-16	レーザー加工・色入れ・印刷・小物販売
㈱清水セイコー	福井市江端町 10-9-1	メタル部品・フレーム切削業務・バネ丁番・レンズ止金具他製造
㈱福井眼鏡	福井市中荒井町 9-32	金枠・コンビ枠・プラ枠・サングラス
増永眼鏡㈱	福井市今市町 4-15	金枠・コンビ枠・縁なし枠・プラ枠・ナイロール枠
㈱アルケー	福井市今市町 19-1-5	Ti丸線（伸線・溝線加工）・Ti板材（リロール・レーザー加工）
㈱紀宝	福井市浅水二目町 137-10	七宝
㈱マコト眼鏡	鯖江市丸山町 2-5-16	プラ枠
㈲田島プラスチック	福井市下江尻町 10-31-2	テンプル
㈲服部製作所	福井市下河北町 7-111	テンプル・智・山・ワタリ・バネ部品・金型
㈱ハグ・オザワ	福井市下河北町 19-8-1	企画販売商社
㈲畑中金型製作所	福井市下河北町 28-10-21	金型・パーツ・二次加工品
㈱金沢眼鏡	福井市上河北町 18-28	金枠・コンビ枠・縁なし枠・リムベンディング

青山眼鏡㈱	福井市半田町 9-8	コンビ枠・プラ枠・ナイロール枠・サングラス
㈱ナカニシビジョン	福井市下江守町 54-2-27	金枠・コンビ枠・プラ枠・ナイロール枠・サングラス
㈱タケダ企画	福井市下馬 3-429 フジモトビル	金枠・コンビ枠・プラ枠・ナイロール枠・サングラス・企画
㈱マーモック	福井市大町 2-112	材料商社
㈲フィスコ	福井市寮町 44-30	コンピュータプログラム開発
ヤマウチマテックス㈱	福井市問屋町 2-22	塑性加工
㈱オプティックプリマ	福井市文京 7-8-7	コンビ枠・ナイロール枠・サングラス・輸出入商社
㈱トライ・アングル	福井市文京 6-10-23	卸商社
㈱エニックス	福井市菅谷 2-3-14	卸商社
㈲ミテラ製作所	福井市田ノ谷町 17-56	テンプル・智
木内産業㈱	福井市八重巻東町 17-10	材料商社
メガネバンク㈱	福井市西開発 1-2310	卸商社
カワイ金属㈱	福井市篠尾町 26-2-1	非鉄金属材料卸
㈱ジャパンアイウエア	福井市田尻栃谷町 1-22	卸商社
㈱三輪機械	福井市三留町 72-5	機械
㈱ニコー光学	福井市大森町 106	真空蒸着・ハードコート
㈱ヴァトック	福井市つくも 1-1-24 ジ・アトリウム 602	卸商社
㈲ガレージアイ	福井市若杉浜 1-801	卸商社
㈱オンビート	福井市板垣 3-1333	卸商社
㈱メガネフィルム	福井市別所町 16-1-4 YAA ビル B 号室	卸商社
㈱ビジョンプラス	福井市春日 3-1507	卸商社
杉本 圭㈱	福井市成和 1-3112 高橋ビル 2 階北	卸商社
スギモトデザインスタジオ	坂井市丸岡町一本田中 35-66	卸商社・小売商社
㈱エリカ オプチカル	坂井市丸岡町内田 15-9-1	卸商社
㈱村井	坂井市坂井町福島 9 字表中道 1-1	卸商社

福井県眼鏡卸商協同組合

㈱アイメイト ＿＿＿＿＿＿ 福井市学園 1 丁目 6-14
青山眼鏡㈱ ＿＿＿＿ 鯖江市神中町 2 丁目 3-30
ウィズ中央堂㈲ ＿＿＿ 鯖江市三六町 2 丁目 2-3
内田眼鏡＿＿＿＿＿＿＿ 鯖江市落井町 49-12-2
岡本眼鏡店＿＿＿＿＿＿ 福井市江守中 2 丁目 2408-2
㈱オナガメガネ ＿＿＿＿ 福井市木田町 2212-2
オリエント眼鏡㈱ ＿＿＿ 鯖江市吉江町 101 番地
㈱米谷眼鏡 ＿＿＿＿＿ 鯖江市新横江 2 丁目 7-9-6
㈱サンリーブ ＿＿＿＿ 鯖江市杉本町 15-22
㈱視泉堂 ＿＿＿＿＿ 鯖江市丸山町 2 丁目 516 番地
㈱シャルマン ＿＿＿＿ 鯖江市川去町 6-1
鈴木眼鏡工業㈱ ＿＿＿ 鯖江市東鯖江 2 丁目 817-1
㈱ G.A.Yellows ＿＿＿ 越前市赤坂町 32-3
㈱トピオ ＿＿＿＿＿＿ 福井市八ツ島町 5-7-2
㈲中村眼鏡＿＿＿＿＿＿ 大分県別府市青山町 1-8
㈱ NOVA ＿＿＿＿＿＿ 鯖江市西山町 3-9
㈱ノベルティアイウェア ＿ 鯖江市吉江町 831
㈱ハセガワ ＿＿＿＿＿＿ 福井市下荒井町 4-6
㈱ハヤシ ＿＿＿＿＿＿＿ 福井市西木田 2 丁目 5-6
㈱福井眼鏡 ＿＿＿＿＿ 福井市中荒井町 9-32
㈱ボストンクラブ ＿＿＿＿ 鯖江市三六町 1 丁目 4-31-2
宮本眼鏡㈱ ＿＿＿＿＿ 鯖江市日の出町 5-28
山元眼鏡商会＿＿＿＿＿ 福井市豊島 2 丁目 7-19
㈱山森眼鏡 ＿＿＿＿＿ 鯖江市水落町 2 丁目 27-27
㈱吉田眼鏡＿＿＿＿＿＿ 鯖江市神中町 2 丁目 4-10

参考文献

東京眼鏡製造販売同業組合沿革史（昭和 14 年　伊勢定眼鏡店発行）

眼鏡の歴史（昭和 35 年　日本眼鏡卸組合連合会　大坪元治）

福井県眼鏡史（昭和 46 年　大坪指方・村井勇松）

越前めがね増永二代目の歩み（昭和 51 年　大坪指方・大坪元治・増永精孝）

めがね 30 年の歩み（昭和 52 年　卸組合）

回想 河和田の里（昭和 54 年　杉本伊佐美）

鯖江今昔（昭和 56 年　三輪信一）

越前国今立郡史（昭和 60 年　福井県郷土誌叢刊）

鯖江市史（平成 11 年　編纂委員会）

福井とめがね 産地 100 年の歩み（平成 17 年　福井県眼鏡協会）

越前若狭 地域史の謎に挑む（平成 18 年　青木豊昭）

中河内地区史（平成 22 年　編纂委員会）

眼鏡と希望 縮小する鯖江のダイナミクス（平成 24 年　東京大学社会科学研究所）

鯖江眼鏡枠産地の変質 宮川泰夫（地理第 27 巻 第 8 号）

広報さばえ No.125（鯖江市役所）

河和田村誌（昭和 12 年 河和田村小学校）

写真提供　P8, 9, 11, 17, 18, 19, 28, 29, 33, 48, 49　増永眼鏡株式会社
　　　　　P32　青山眼鏡株式会社
　　　　　P62　日本ケンタッキーフライドチキン株式会社

取材協力　青木豊昭先生　鯖江市文化財調査委員会 委員長
　　　　　加藤団秀　加藤吉平商店 11 代目当主 株式会社梵代表取締役社長
　　　　　吉川精一　株式会社 キッソオ

鯖江の眼鏡

一般社団法人 福井県眼鏡協会公式ガイドブック

企画監修　　一般社団法人 福井県眼鏡協会
　　　　　　谷口康彦

取材・執筆　加藤麻司

デザイン　　飯田郁

写真　　　　加藤潤

製作協力　　福井県鯖江市

ISBN978-4-87923-120-8 C0060

鯖江の眼鏡

一般社団法人 福井県眼鏡協会公式ガイドブック

発行日　2021年11月6日　初版第1刷発行
　　　　2021年11月12日　初版第2刷発行

発行・発売　株式会社三省堂書店／創英社
　　　　　　〒101-0051 東京都千代田区神田神保町1-1
　　　　　　Tel 03-3291-2295　Fax 03-3292-7687

印刷・製本　日本印刷